生き物たちのつづれ織り

多様性と普遍性が彩る生物模様

阿形 清和 / 森 哲 監修

井上 敬 / 高井 正成 / 高林 純示 / 船山 典子 / 村山 美穂 編

京都大学学術出版会

本書は，公益財団法人 京都大学教育研究振興財団の出版助成を得て刊行された。

まえがき

　つづれ織り（タペストリー）は，表面に出ている横糸によってカラフルな模様や絵柄を自由に創り出すことのできる織物です。衣服などの布とは違い，縦糸は横糸に隠れて見えなくなっています。日本では，祇園祭の鯉山を飾るタペストリーや，優雅な柄の西陣織などが有名です。

　生き物たちは，遺伝子 DNA という縦糸を得たことによって，地球上に多様な模様を描くことに成功しました。地球はまさに，「生き物たちが作ったつづれ織り」で飾られています。神様が織っているとしか思えないような模様を，生き物たちはどのように編んでいったのでしょうか。花々や鳥や昆虫は ATGC の 4 文字で作られた単純な縦糸を使って，地球上に美しい模様を描いています。ダーウィンはこの生物模様が共通の起源から作られたことを確信し，1859 年に『種の起源』を出版しました。彼はこの「見えない縦糸」を見ることなく，世界中の生き物を自分の目で観察することによって，生き物たちのつづれ織りの横糸の謎に迫ったのです。

　『種の起源』から 150 年以上がたち，21 世紀になって，われわれは生き物たちのつづれ織りの縦糸の謎をひもとくことができるようになりました。縦糸を作っているゲノム DNA の遺伝暗号 ATGC をつぎつぎに解読しているのです。京都大学の生物系の研究室では，つづれ織りを表からも裏からも観察することで，つづれ織りの横糸と縦糸に秘められた謎を解こうとしています。

　この本では，現場で奮闘する多種多様な研究者が明らかにしてきた生き物のありさまを紹介します。われわれヒトにいたる生物進化の過程の大きな節目の解明（1 章），生き物の本質である繁

まえがき

殖に関わる研究（2章），生物が生きていく上で欠くことのできない光の利用（3章），個体間の情報のやり取り（4章），様々な意味での防御（5章），さらに，進化が産んだ一つの究極器官である脳の謎（6章），生き物が織り成す多様性と生態系（7章），そして最後に，つづれ織りの横糸と縦糸の両側面から眺めた生き物の姿を紹介します（8章）。やや専門的な用語や文章もときどきでてきますが，それぞれの紹介内容は読み切り形式になっていますので，多少ついていけなくなっても，他の研究紹介へ読み進んでいただいて大丈夫です。

われわれは，つづれ織りを宇宙から観察することもあるし，顕微鏡で観察することもあります。このつづれ織りの素晴らしいところは，どこから，どんなレベルで見ても美しいところにあります。この本は，生き物たちのつづれ織りを愛するすべての人々に贈ります。どこから読もうと，地球上に描かれた巨大なつづれ織りを堪能できると思います。

阿形　清和 Kiyokazu Agata

京都大学大学院理学研究科生物科学専攻長，生物物理学教室分子発生学研究室・教授。大阪生まれの東京育ち。1985年，京都大学理学博士。著書に『切っても切ってもプラナリア』（岩波書店）。高校生のとき，再生研究で飯を食おうと決意し，東京から上洛。京大に入学後，すぐに岡田節人研究室に出入りするようになり，一貫してイモリやプラナリアを用いた再生研究に従事。発生生物学会会長，動物学会副会長。生物系グローバルCOE拠点リーダー。矢野スポーツクラブ監督。

目次

まえがき　　　　　　　　　　　　　　　　　　　　　阿形清和　　i

第1章　ヒトへの道を遡る──生物進化の「節目」を求めて ………… 1
1. 縄文人の実像にせまる──安定同位体分析によるアプローチ
   　　　　　　　　　　　　　　　　　　日下宗一郎・片山一道　　3
2. 人類誕生の鍵をアフリカ大地溝帯で探す　　　　　中務真人　　13
3. ホヤの発生生物学　　　　　　　　　　　　　　佐藤ゆたか　　25
4. 立襟鞭毛虫のゲノム情報から探る動物の多細胞化　岩部直之　　37
5. 細胞内共生体の戦略の進化──ゲノムの小型化かホストの操作か？
   　　　　　　　　　　　　　　　　　　　　　　　山内　淳　　48

コラム①　異分野交流の勧め　　　　　　　　　　山﨑美紗子　　59

第2章　増えるための努力と技巧──性と繁殖の戦術 ……………… 65
1. モリアオガエルの精子は回転力で前進する　武藤耕平・久保田洋　67
2. 花を愛で，生物の「性」を考える　　　　　　　　酒井章子　　80
3. 無性生殖のシダ植物も交雑したがっている！　　　篠原　渉　　88
4. やわらかな細胞──無性生殖の担い手　　　　　　柴田典人　　100

コラム②　地上からは見えない多年草の生活史　　荒木希和子　　112

第3章　眼，光合成，体内時計──生物の光利用 ……………………… 117
1. 光エネルギーを ATP にするもう一つの反応　　　鹿内利治　　119
2. 植物の光応答とフィトクロム　　　　　　　　　長谷あきら　　131
3. 生き物たちの時間の読み方，刻み方　　　　　　　小山時隆　　142
4. 多様な光環境への動物の適応メカニズム　七田芳則・山下高廣　154

5　なぜヒトとサルの色覚は進化したのか？　　　　早川祥子・正高信男　164
コラム③　ちょっとの変化で十分　　　　　　　　　　　　菅原　亨　173

第4章　「会話」をする動物，植物——コミュニケーション ………… 177
1　イルカの音から彼らの生活を垣間見る　　　　　　　森阪匡通　179
2　「歌」を歌うサル——テナガザルの多様な音声　　　香田啓貴　189
3　やわらかなゲノムを科学する　　　　　　　　　　　郷　康広　197
4　植物たちのコミュニケーション　　　　　　　　　　有村源一郎　209
5　葉っぱの香りの生態学　　　　　　　　　　　　　　高林純示　216
コラム④　オニオオハシの秘密　　　　　　　　　　　　阿部秀明　230

索　引　　　　　　　　　　　　　　　　　　　　　　　　　　235

下巻の内容

第5章 自己の管理と敵への対策——防備と防衛のシステム
第6章 頭脳の不思議に挑む——脳の機能と進化
第7章 知られざるあまたの隣人たち——生物の多様性とネットワーク
第8章 ゲノムと生態で生き物を知る——多様な生物学的手法の活用
あとがき

第1章
ヒトへの道を遡る
生物進化の「節目」を求めて

1. 縄文人の実像にせまる——安定同位体分析によるアプローチ

2. 人類誕生の鍵をアフリカ大地溝帯で探す

3. ホヤの発生生物学

4. 立襟鞭毛虫のゲノム情報から探る動物の多細胞化

5. 細胞内共生体の戦略の進化——ゲノムの小型化かホストの操作か？

コラム① 異分野交流の勧め

われわれヒトはどのような過程を経て，細菌のような小さな生き物から今のホモ・サピエンスの姿に至ったのでしょうか。現在から過去へと進化の道のりを遡りながら，その重要な節目を解明する研究を紹介します。

　まず，日本人の祖先とゆかりの深い縄文人の生活の様子を，ストロンチウムの安定同位体で描き出します。続いて，人類発祥に関わる出来事をアフリカでの地道な化石採掘で探求し，脊椎動物の起源をホヤの発生のゲノム解読から暴き，多細胞動物の成り立ちを単細胞動物のゲノム情報解析から推察していきます。最後に，真核生物の進化につながる細胞内共生体の戦術を理論的に考察します。

　生物学における様々な研究手法を柔軟に駆使して，進化の大イベントに関わる謎を紐解いていきます。

1 縄文人の実像にせまる
──安定同位体分析によるアプローチ

縄文人は今から1万5000〜2500年前の頃に日本列島に居住していた人びとです。縄文人骨を理化学的に分析することで，縄文人の食性や集団間の移動の問題にアプローチできます。その一つに，炭素，窒素，ストロンチウムの安定同位体比を分析する手法があります。この研究方法で私たちは，彼らの食性や移動のありかたが，性別や抜歯型式で異なることを明らかにしました。さらに分析を積み重ねていくことで，縄文人の社会構造を詳細にしていく道が期待できます。

縄文人の食性を解析する
──炭素・窒素安定同位体比

縄文人は狩猟採集を生業としており，シカやイノシシ，魚，貝，クリ，ドングリなどを食べていたといわれます。縄文人には貝塚に死者を埋葬する風習があり（図1），その土壌は貝殻のカルシウム分が豊富でアルカリ性であるため，そこからは保存状態のよい人骨が数多く発掘されています。

縄文人が摂取していた食物の種類は，遺跡から出土する食物残滓から知ることができますが，それはあくまで大雑把なものです。また，縄文人は虫歯の頻度が高めであることが知られており，植物資源を多く摂取していたと考えられています。しかし，ではどのような植物を摂取していたのかとなると，虫歯の観察だけではわかりません。

一方，骨に残るコラーゲンの炭素と窒素の安定同位体比の値を測定することで，縄文人がタンパク質源としていた食物の傾向を知ることができます。骨は破骨と造骨が繰り返され，10年程度

第1章　ヒトへの道を遡る──生物進化の「節目」を求めて

図1：吉胡貝塚から出土した人骨（復元模型）

で完全に新しい骨に置き換わるので、人骨のコラーゲンには10年間の平均的な食性が記録されていることになります。

同位体とは、陽子の数が同じで中性子の数が異なる元素のことです。たとえば、人骨に含まれる炭素は質量数が12の^{12}Cがほとんどですが、質量数が13の^{13}Cという元素も微量ながら含まれています。窒素にも^{14}Nと^{15}Nの2つの同位体があります。これらの同位体は放射線を放出して変化することがないため、安定同位体とよばれます。微量なほうの安定同位体の比率を用いて、炭素同位体比（$\delta^{13}C$、単位はパーミル［‰］）や窒素同位体比（$\delta^{15}N$）として表示します。

自然界においては、生産者、一次消費者、二次消費者と栄養段階を上るごとに炭素・窒素同位体比が高くなることが知られています。これは同位体分別とよばれます。たとえば、草食獣では、$\delta^{13}C$が1‰、$\delta^{15}N$が3.4‰ほど、植物の同位体比よりも高くなります。一方、海洋生態系では、高次の栄養段階に属する肉食の魚類や海獣類の窒素同位体比はとても高い値を示します。このように、それぞれが摂取する食物やその栄養段階によって、生物群の安定同位体比は異なる値を示します。

これまでに行われた縄文人骨の炭素・窒素安定同位体比の研究

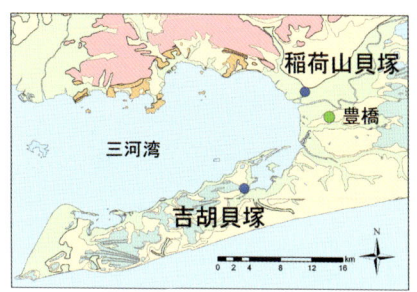

図2：吉胡貝塚と稲荷山貝塚の位置

は，縄文人の食性が地域ごとに異なっていたことを明らかにしています。たとえば北海道の縄文人骨は窒素同位体比が非常に高く，海獣類やサケなどの海産物に依存する傾向が強かったこと，内陸の縄文人は窒素同位体比が低く，海産物をほとんど摂取していなかったことがわかっています。本州や九州の沿岸部の縄文人は，両者の中間的な窒素同位体比を示します。

このように，縄文人集団の食性の地域差については，よく調べられていますが，個人差については，あまり注目されていませんでした。そこで私たちは，それを安定同位体を用いて調べてみることにしました。

愛知県にある吉胡貝塚と稲荷山貝塚は縄文時代後期・晩期の遺跡です（図2）。そのころの縄文人には抜歯の風習があったことが知られており，どの歯を抜くかで3種類ほどの抜歯型式（系列）が区分されています（図3）。抜歯は婚姻や移住の際におこなわれたと考えられています。上顎の左右の犬歯を抜く0型はほとんどの成人に施されているため，成人儀礼の際におこなわれたと推測されています。これに加えて下顎の4本の切歯を抜く4I系は地元の者（在地者），下顎の左右の犬歯を抜く2C系は婚入者に施されたと考えられています。これらの抜歯型式と，安定同位体

第1章　ヒトへの道を遡る——生物進化の「節目」を求めて

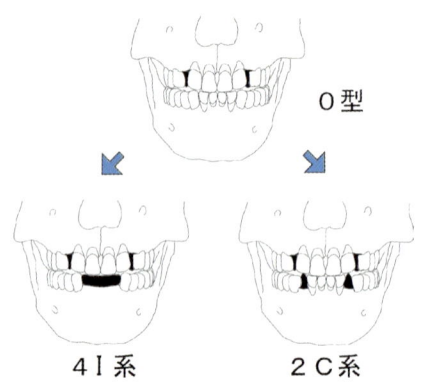

図3：抜歯の型式

比からわかる食性の間に何か関係があるのではないかとの仮説を立てて検討してみました。

　吉胡貝塚と稲荷山貝塚の人骨で得た炭素・窒素安定同位体比の測定結果は，同じ縄文人でも食性に大きな個人差があったことを示しています（図4）。炭素・窒素同位体比が高い値を示す人は海産物に，低い値を示す人は植物や草食獣に依存する食生活を送っていたことを物語ります。男性のほうが同位体比のばらつきが大きいこともわかりました。男性は狩猟か漁撈に従事する者が多く，獲得した食物をその場で摂取する傾向が強いのに対して，女性は男性が持ち帰った食物を摂取するため平均的な同位体比を示すと解釈できます。また，稲荷山貝塚人骨では抜歯型式と食性との間に有意な関係がみられました（図5）。これは非常に興味深い発見です。4I系人骨は安定同位体比が低いのに対し，2C系の人骨は高いのです。これは，4I系の人は植物や草食獣を摂取する傾向が強かったのに対し，2C系の人は魚や貝を摂取する傾向が強かったことを意味します。縄文人は食物を自給していましたから，狩猟を中心とする家族と漁撈を中心とする家族が集団内で

1 縄文人の実像にせまる

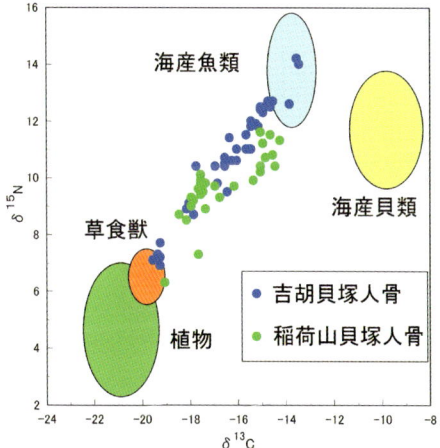

図4：吉胡貝塚と稲荷山貝塚から出土した人骨と食物資源の炭素・窒素安定同位体比の分布

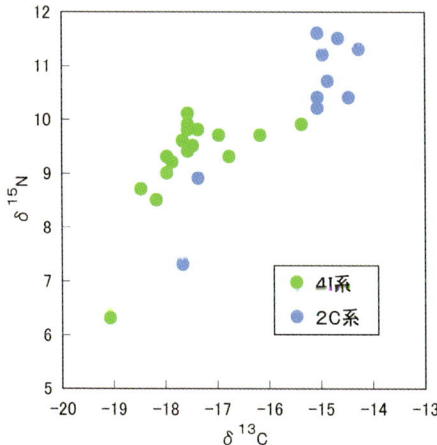

図5：稲荷山人骨の安定同位体比と抜歯型式との関係

共存していた可能性が示唆されます。アイヌ民族でも狩猟をする家族と漁撈をする家族が同じ集団で共存していたことが知られています。抜歯型式が生業の違いに対応していたのかもしれません。

縄文人の集団間移動を解析する
——ストロンチウム同位体比

ストロンチウムは岩石に多く含まれ，その同位体比は岩石の種類と形成年代によって決まります。同位体は四つあり，そのうち^{87}Srと^{86}Srの割合をストロンチウム同位体比（^{87}Sr／^{86}Sr）といいます。ストロンチウムは土壌や水を通じて生態系に取りこまれますが，炭素・窒素のように生物に取り込まれる過程で同位体比の変動（同位体分別）はありません。だから，同じ地質環境に生息していれば植物も動物も同じ同位体比を示しますし，異なる地質環境の生物は同じ種でも異なる同位体比を示すのです。それゆえ，生物のストロンチウム同位体比は生息場所の指標となるわけです。

ストロンチウム同位体比を測定するためには，まず骨や歯からストロンチウムを単離する必要があります。まず，デンタルドリルを用いて骨や歯を削り，試料を作ります。この試料を酢酸で洗浄したあと，塩酸に溶かします。さらに，陽イオン交換樹脂によってストロンチウムを単離します。最後に表面電離型質量分析装置（図6）を用いてストロンチウム同位体比の値を測定します。

先にも述べたように，縄文人の社会構造に関して，抜歯型式は婚姻による移出入と関係するという仮説が知られています。人骨のストロンチウム同位体比を調べることで，この仮説を検証することが可能となります。なぜならストロンチウム同位体分析により，年少期と成人期で別の場所に居住していたかどうかを推定できるからです。しかし，このストロンチウム同位体分析を縄文人

1 縄文人の実像にせまる

図6：ストロンチウム同位体比測定用の表面電離型質量分析装置

骨に応用した例は、私たちの研究以外にありません。

　ストロンチウムは、食物のなかでカルシウムと同じ挙動をしていて、人間に摂取されたあとも、カルシウムの多い骨や歯に多く含まれます。ところで、歯のエナメル質は子どものころに形成され、あとで成分が変化したり成長したりすることはありません。一方、骨は10年程度で完全に新しい骨に置き換わります。つまり、ある人骨のエナメル質と骨成分とでストロンチウム同位体比が同じなら、その集落で生まれて死亡した「在地者」の遺骨であると推定できます。エナメル質と骨成分の同位体比が異なるなら、別の集落で子どものころを過ごしてから引っ越してきた、「移入者」の遺骨であるとの推定が成り立つわけです。

　人骨で化学的な分析をおこなう場合、埋葬後に土中で起こる骨の組成の変化が問題となります。この変化は続成作用とよばれます。ストロンチウムは土中にも存在し、骨に沈着します。続成作用は、エナメル質の場合、結晶が大きく密であるため問題となりませんが、骨は多孔質であるため影響を受けます。骨成分を酢酸で洗浄して続成作用によるストロンチウムを減らすことはできま

第1章 ヒトへの道を遡る──生物進化の「節目」を求めて

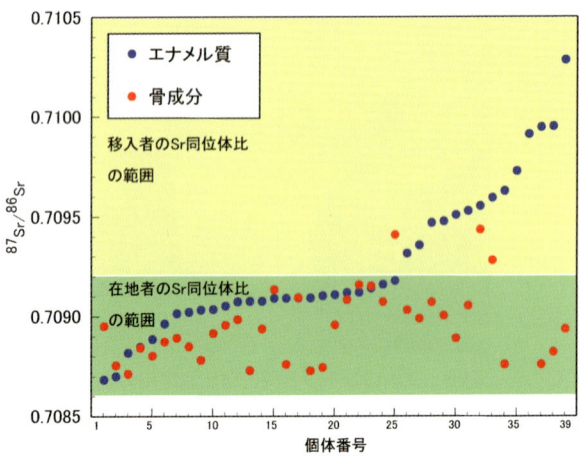

図7：吉胡人骨のストロンチウム同位体比

すが、完全に取り除くのは不可能と考えられています。だから、この分析にはエナメル質を用いるほうがよいわけです。

私たちは、吉胡貝塚の人骨を対象にストロンチウム同位体分析を行いました（図7）。まず骨成分とエナメル質のストロンチウム同位体比を比べると、総じてエナメル質のほうが高い値を示し、値の変異も大きいことがわかります。これは「移入者」が含まれている可能性を示唆します。縄文人の主要なストロンチウム源は陸上植物と海産物です。遺跡周辺の植物は 0.7086 程度の低い値を示し、海産物は 0.7092 という値を示します。この範囲を、「在地者」のストロンチウム同位体比と解釈します。すると、39個体中 14 例のエナメル質がこの範囲から外れ、彼らは「移入者」であると推定できます。ちなみに、男性にも女性にも「移入者」が存在しました。結婚のために移住したと仮定すれば、縄文時代には男性も女性も集団を出て婚姻していたことを示唆します。また、抜歯型式とあわせて調べると、2C 系だけではなく 4I 系の縄

1 縄文人の実像にせまる

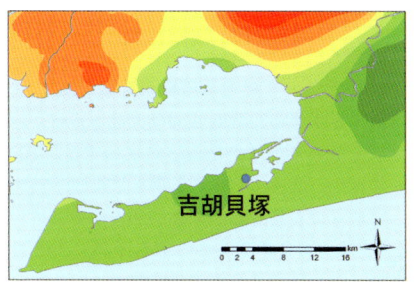

図8：吉胡貝塚周辺のストロンチウム同位体比マップ
赤色が値の高い地域，緑色が低い地域。

文人にも「移入者」と推定できる例がありました。この結果は，4I系の個体を在地者であるとする従来の仮説が完全には成り立たないことを示します。しかしながら，2C系の縄文人の「移入者」の割合は高く，抜歯型式と婚姻移入には何らかの関係があったのかもしれません。

さらに私たちは，吉胡貝塚のある三河湾周辺の植物からサンプルを採集して，ストロンチウム同位体比マップを作成しました（図8）。赤色はストロンチウム同位体比の高い地域，緑色は低い地域を示します。「移入者」と推定された人骨の同位体比は，赤色で示された三河湾北部の地域と同じ値を示します。このことから，吉胡貝塚への「移入者」は三河湾よりも北の地域から来たと推定できます。

このように，人骨の安定同位体比を調べることで，縄文人の食性に関するさまざまな分析が可能となり，集団間移動の様子も調べることができます。これらの結果と性別や抜歯に関する情報を組み合わせて検討することで，縄文人集団の社会構造がいっそう明らかになると期待できます。今後は，他の遺跡で出土した人骨も調べ，より多くのデータで詳細な分析をしていく予定です。

第1章 ヒトへの道を遡る――生物進化の「節目」を求めて

日下宗一郎 Soichiro Kusaka

京都大学大学院理学研究科動物学教室自然人類学研究室・日本学術振興会特別研究員を経て，総合地球環境学研究所・日本学術振興会特別研究員。2011年，京都大学博士（理学）。縄文人骨を対象に，安定同位体を用いて彼らの食性や集団間の移動を研究している。著書に，『シリーズ日本列島の三万五千年―人と自然の環境史 第6巻 環境史をとらえる技法』（共著，文一総合出版）がある。

片山一道 Kazumichi Katayama

京都大学・名誉教授。専門は先史人類学，生物人類学，骨考古学など。ポリネシア人の身体特徴を探る人類学的研究，古人骨の骨考古学的研究などに従事してきた。主著に『海のモンゴロイド』，『ポリネシア――海と空のはざまで』，『古人骨は生きている』，『縄文人と「弥生人」』などがある。

❷ 人類誕生の鍵を アフリカ大地溝帯で探す

東アフリカには多くの霊長類化石サイトがあり，ヒトを含む霊長類の進化研究に重要な役割を果たしています。しかし，1200万年前から700万年前の間は，霊長類の化石記録がすっぽり抜け落ちていました。私たちの調査で，この時代の豊富な化石資料がみつかり，これまで予想されていなかったことが明らかになってきました。

最後の共通祖先（LCA）を求めて

ヒトとアフリカ類人猿（チンパンジー属，ゴリラ属）の系統は，1100万年前から700万年前の間に，つぎつぎと枝分かれしてきました（図1）。それぞれの分岐の直前に位置する種を，最後の共通祖先（LCA：Last Common Ancestor）とよびます。ヒト，チンパンジー，ボノボ，ゴリラは，これらの系統の末裔です。これら現生種を分子生物学的方法によって比較することで，系統分岐の順番を明らかにし，分岐時期を推定することも可能です。しかしながら，LCAがどのような姿で，どのような環境で，どのように暮らしていたかを，現生種だけを頼りに解明することは不可能です。それは，こうした子孫種はそれぞれ独自の進化を遂げ，LCAとは異なった姿形になり，異なった生態的地位を手に入れていると考えられるからです。LCAがどのような生物であったかを確証をもって推定する唯一の方法は，十分な化石証拠を集めることです。

2300万年前から500万年前の時代を中新世とよびます。中新世のアフリカからは多くの種類の類人猿が知られています。なかでも，後期中新世（1100万年前〜）にどのような類人猿が生き

第1章 ヒトへの道を遡る──生物進化の「節目」を求めて

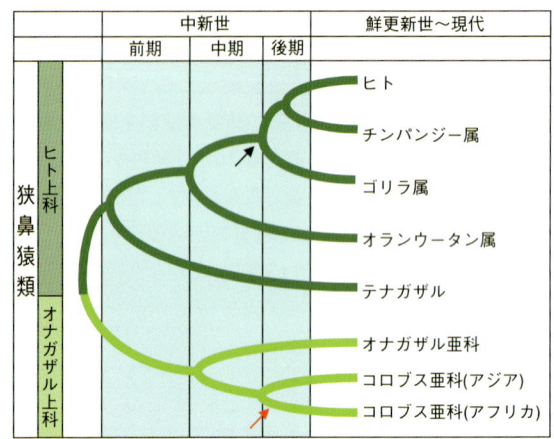

図1：現生狭鼻猿類の系統
黒矢印がヒトとアフリカ類人猿の最後の共通祖先の位置。
1100万年前ごろ，アフリカに生息していたはずである。
赤矢印はナカリで見つかったコロブス。おそらくアフリカ
の現生コロブスの祖先。

ていたかを知ることができれば，人類誕生の過程を解明する鍵になります。ところが，1200万年前から700万年前の化石を含む地層はサハラ以南のアフリカでは乏しく，「化石記録の断絶」とよばれてきました。

しかし，例外的な発見が1982年にありました。ケニアのサンブル丘陵で，960万年前の化石類人猿の上顎が発見されたのです。発見したのは石田英實京大名誉教授，私の指導教官でした。サンブル丘陵での調査はそれ以降もつづき，私も1995年から数回にわたって参加しましたが，追加標本を見つけることはできませんでした。それから20年以上が過ぎ，やっと後期中新世アフリカ類人猿の資料が増えはじめました。エチオピアのチョローラ（1050万年前）では東京大学の諏訪元さんの調査隊が，ケニアのナカリ

❷ 人類誕生の鍵をアフリカ大地溝帯で探す

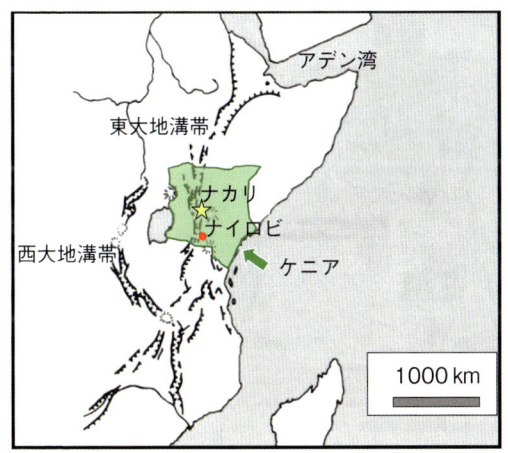

図2：調査地ナカリの位置
東大地溝帯の端にあたる。

(980万年前) では私たちの調査隊が，相次いで新種の類人猿を発見しました。アフリカで発掘調査をおこなっている学術調査隊のうち，日本隊はごくわずかです。にもかかわらず，これらすべての発見が日本隊によってなされたことは注目に値します。

私たちの調査地であるナカリ山麓はケニアを通過する東大地溝帯の断層崖に位置し，トゥルカナ，サンブル，ポコトの3民族が接して暮らす境界地域です (図2)。北緯1度，首都ナイロビからは440kmです。1960～70年代に複数の調査隊が訪れており，後期中新世の露頭 (地層が露出したところ) があることは知られていましたが，それ以降，私たちが調査をはじめた2002年まで手がつけられていませんでした。その背景には，露頭のスケールが小さく化石の量が少ないことに加え，この付近に住む人たちの民族対立があったようです。ケニアは40ほどの民族で構成される多民族国家であり，北部の乾燥地帯に暮らす民族は家畜に頼っ

第1章　ヒトへの道を遡る——生物進化の「節目」を求めて

図3：フィールドの人々
　キャンプに遊びに来た村の人（左）。おしゃれなポコトの少女（右）。

た遊牧生活をしています。こうした民族間では，水や牧草地を巡る争い，家畜の略奪といった紛争が絶えません。私たちは調査開始にあたり，ポコトの人たちとうまくつきあえるか不安でした（なにしろ，それ以前は彼らの仇敵トゥルカナと仕事をしていたので）。しかし，地元集落の人たちは私たちを歓迎し，発掘作業の手伝いに雇用するポコトの人たちも，回数を重ねるにつれて仕事の進め方，化石の見分け方に慣れ，われわれも彼らの癖や性格を覚え，彼らに会うのを毎年楽しみにするようになりました（図3）。

　大地溝帯は，紅海からモザンビークまでのびる3000kmの大地の裂け目です。そこには断層と浸食によっていろいろな時代の地層が露出しています。このような場所では，時間を歩いて遡ることができます。大地溝帯は人類の進化を探るには絶好の場所なのです。

　発掘調査とはいいますが，調査のはじまりは歩くことです。歩く範囲を決めると，下を向いて化石を探しながら一日中歩きます（図4）。とはいえ，やたらに化石が転がっているわけではありません。骨は壊れたり腐ったりしてなくなるものです。地層のなか

❷ 人類誕生の鍵をアフリカ大地溝帯で探す

図4：化石の表面採集
　慣れないと石と化石の見分けがつきにくい（左）。左下に注意（右）。

で骨が壊れず化石になることが例外的で，それが露出後，よい状態のうちに発見されることはさらにまれです。こうした表面採集を10人でおこなっても，見つかるのは破片になった化石ばかりで，種類が特定できる化石資料は一日10～20程度しか集まりませんでした。

　掘りはじめるのは，非常によい資料や見込みの高い場所を見つけてからです。私たちは運よく3シーズン目で類人猿化石を含む地層を発見し，翌シーズンにはサルの化石を多数産出する露頭を見つけ，2か所で掘りはじめました（図5，6）。これまでに博物館の標本カタログに登録した化石資料は3000点を超え，1割以上が霊長類です。それには7種程度の霊長類が含まれていて，同時代の化石産地に比べ，飛び抜けて豊かな霊長類相です。こうした資料の発見は，どのような新知見をもたらしてくれたのでしょうか。いくつかの話題を紹介します。

ゴリラ，チンパンジー，ヒトのLCAはどこで進化したのか？

　進化論で有名なダーウィンは，その著作で次のように述べてい

第1章　ヒトへの道を遡る──生物進化の「節目」を求めて

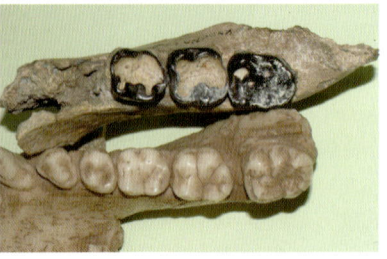

図5：ナカリピテクスの発見
はじめて類人猿化石を見つけたとき（類人猿とは知らないまま掘っている）（左）。
ナカリピテクス（上）とウーラノピテクス（下）の下顎はよく似ている（右）。

ます。「世界各地域には，その地域の絶滅種に近縁な現生種が棲んでいる。したがって，アフリカにはゴリラとチンパンジーに近縁な絶滅類人猿が棲んでいたと考えられる。そして，これらはヒトに最も近縁であるため，ヒトの祖先も，他の場所よりはアフリカにいた可能性が高い。」しかし，つづいてこう述べています。「テナガザルに似た大型の類人猿ドリオピテクスがヨーロッパにいたように，長い時間のなかでは生物の大規模な移動もあっただろうから，これを考えても無駄である。」

とはいえ，LCAはアフリカで誕生したという考えが，人類学では長く支配的でした。ところが1990年代，「ヨーロッパで誕生し，900万年前ごろにアフリカまで分布域を広げた類人猿の系統がLCAになった」という仮説が現れました。突飛な仮説のようですが，それなりに理由があります。第一に，LCAがいたはずの時期にアフリカではほとんど大型類人猿化石が見つかっておらず，一方で，1000万年前ごろは西ユーラシア（ヨーロッパからイランあたりまで）で類人猿の多様性が高かったこと。第二に，アフリカ化石類人猿のほとんどは歯や頭蓋骨の特徴で現生アフリ

❷ 人類誕生の鍵をアフリカ大地溝帯で探す

図6：発掘現場
慎重に地層を掘り崩す係と，堀り出した土砂をふるいでチェックする係に分かれる。

カ類人猿と類似点があるものの，四肢や脊柱骨格の特徴が原始的であり，一方で後期中新世のヨーロッパ類人猿のなかには，そうした骨格の特徴について現生大型類人猿とよく似たものがいることです。古生物地理学的に見れば，アフリカと西ユーラシアの動物相は頻繁に交流しており，アフリカと西ユーラシアを分断された地域として取り扱うことに，あまり意味はありません。しかし，LCAとヨーロッパの化石類人猿との系統関係を決定するうえで，誕生の場所がどこかは重要な問題です。

ヨーロッパ起源説に反対する側からは，いくつかの疑問が出されました。第一に，化石証拠では，何かが見つかっていないことは，それがいなかったことの証明にはならないということです。研究者によって発見・記載されている霊長類の種数は，これまで現れた種の3％程度という推計もあります。第二の疑問は，後期中新世ヨーロッパ類人猿と前〜中期中新世アフリカ類人猿との比較では，地域差を論じて時代差を考慮していないことです。第三に，アフリカ固有の化石類人猿は，広い大陸のなかでなぜ絶滅したのでしょうか？

さて，京大隊によってケニアから類人猿ナカリピテクスが，東

大隊によってエチオピアからチョローラピテクスが発見されたことは、ヨーロッパ起源説の前提となるアフリカ固有類人猿の絶滅に疑問を投げかけます。また、ナカリピテクスについては、ヨーロッパ類人猿のなかで最もゴリラに似ているウーラノピテクスの祖先種である可能性が示されています（図5）。このことは、後期中新世の類人猿の拡散が、ユーラシアからアフリカではなく、その逆方向だったことを示唆します。

アフリカのサルはいつから森に棲むようになったのか

「猿も木から落ちる」という諺があるくらい、霊長類は樹上生活に適応して進化してきました。しかし、なかには例外もあります。アジア、アフリカに棲んでいる真猿類を狭鼻猿類とよびます。狭鼻猿類は類人猿の仲間（ヒト上科）とそれ以外のサル（オナガザル上科、または旧世界ザル）に分けられます（図1）。化石証拠に旧世界ザルが現れるのは1900万年前からで、類人猿よりあとのことです。初期の旧世界ザルは森林の辺縁部で進化したと考えられています。森林の内部は類人猿に占領され、遅れて進化した旧世界ザルには割り込む隙間がなかったようです。その結果、旧世界ザルは地上で暮らす能力も身につけました。ところが、こんにち、アフリカの森林では類人猿に比べ旧世界ザルが圧倒的に多くみられます。つまり、どこかで類人猿と旧世界ザルの形勢が逆転したのです。人類もサルに敗れていく類人猿から誕生したのかもしれません。この点で、旧世界ザルと類人猿の関係を知ることは非常に重要です。

多くの研究者は、旧世界ザルが森林に進出した時期は中新世の終わりよりもずっとあとだと考えていました。それは、中新世よりあとの化石旧世界ザルの多くが地上性だったことと、1900万

年前から1500万年前に繁栄した原始的旧世界ザルが半地上性だったからです。しかし、この見方は東アフリカにおける1200万年前から500万年前の化石記録の断絶を無視していました。ナカリから発見された旧世界ザルは現生の樹上性旧世界ザルとそっくりの骨格特徴をもっており、化石旧世界ザルが森林に進出したのは1000万年前より古いことを示しています。このことは、旧世界ザルの放散がアフリカ類人猿の分岐と関係している可能性と矛盾しません。

この発見は、化石証拠の解釈が難しいことを思い起こさせてくれます。500万年前から200万年前の化石産地から見つかっている旧世界ザルの多くは、サバンナで生活していたのでしょう。しかし、この時代すでに、アフリカの森林は旧世界ザルであふれていたはずです。ただ、そうした森林環境を残す化石産地がこれまで発見されていなかったのです。

コロブス類の進化

現生の旧世界ザルは二つのグループからなります。一つはオナガザル亜科、もう一つがコロブス亜科です（図1）。これらは採食のため、それぞれ独特な適応をしています。オナガザル亜科は頬袋をもち、仲間と競争しながらその中に果物等をいっぱいに詰め込み、あとでゆっくりと食べます。コロブス亜科は葉食専門で、食べた葉っぱを消化管で発酵させるため、複雑にくびれた胃をもちます。また、オナガザル亜科よりも樹上運動がうまく、樹冠を素早く移動できます。

私たちがナカリで発見したコロブスはどこから見ても現生の小型コロブスそっくりでしたが、ただ一つ大きな違いがありました。それは手の親指の退化がみられないことです（図7）。現生のコロブスでは、アフリカのグループは親指が消失し、アジアのグル

第 1 章 ヒトへの道を遡る──生物進化の「節目」を求めて

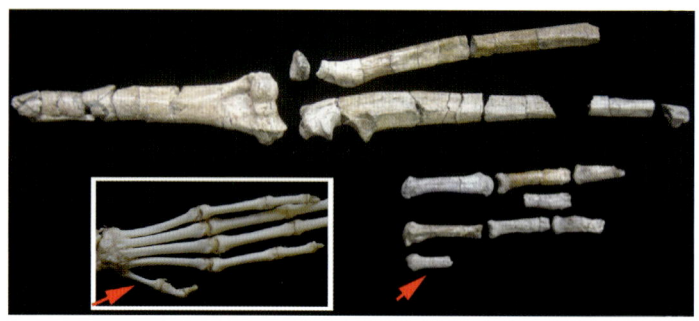

図 7：ナカリから発見されたコロブスの左前足化石
　四角のなかはアジアの現生コロブス。ナカリのコロブスでは親指の中手骨（矢印，一部折れている）が大きい。

ープは退化した短く細い親指をもっています。親指の退化は，親指以外の指が長くなることと関係しています。枝をつかむことが多い樹上運動では，長い指をもつことが適応的です。長い指をもつと，親指を他の指に向き合わせて握りしめるようなつかみ方ではなく，親指以外の指を枝に引っかけるようなつかみ方をすることが多くなります。親指の機能が重要でなくなった結果，退化が進み，一方で親指以外の指がますます長くなったと考えられます。

　ナカリでコロブスの手の骨格を発見し，最初に調べたのは，親指の有無です。親指の付け根にある中手骨の大きさを計り，現生の旧世界ザルと比べてみると，驚いたことに，ナカリのコロブスはオナガザルと同じくらい大きいことがわかりました（図 8）。つまり，親指があったのです。どうやら，親指の退化は現生コロブスがもっている他の四肢骨の特徴よりも遅れて，しかもアフリカとアジアで独立に発生したようです。親指の退化は中南米の霊長類クモザルでも知られています。

　なぜ，ナカリのコロブスに親指の退化がなかったのでしょうか。

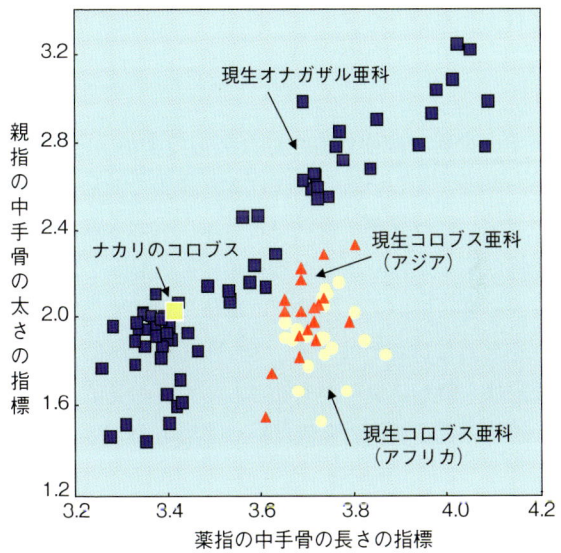

図8：親指と薬指の中手骨の大きさの比較
散布図の上にくるほど親指の中手骨が大きい，つまり，親指がよく発達している。

このころのコロブスは現生コロブスより葉食の割合が低く，果実・種子食のオナガザルと食物を巡る競争があったのではないかと，私は考えています。親指が退化すれば，ものをつまむ能力が低下し，競争では不利になります。この淘汰圧が親指の退化を妨げた可能性があります。ひょっとしたら，この時期のオナガザルはまだ頬袋をもっていなかったのかもしれません。しかし，いったん頬袋を獲得すれば，果実や種子を巡る争いでは圧倒的にオナガザルが優位になります。その結果，より葉食に依存したコロブスが進化をはじめ，それらでは親指が退化をはじめたのではないでしょうか。頬袋を獲得したオナガザルの登場は，コロブスの葉食適応を促しただけでなく，アフリカ類人猿の衰退と分岐にも関係し

たかもしれません。

おわりに

　古人類学の世界では使い古された文句ですが，「化石証拠が増えるほど，単純で美しい進化仮説はより複雑で混乱したものになる」ものです。化石証拠が少ないときは，点から点に線をつなぐ単純な進化仮説しか作りようがありません。しかし，化石での標本抽出率が非常に低いこと，特定の環境に偏って化石が残っている可能性を忘れてはいけません。3％程度の資料によって作られる進化仮説は，新しい資料が追加されるたびに見直されていくでしょう。新しい化石資料の探索はいつまでもつづける必要があります。

中務真人 Masato Nakatsukasa

京都大学大学院理学研究科動物学教室自然人類学研究室・教授。岡山県生まれ。1993年，京都大学理学博士。著書（分担執筆）に『ヒトはどのようにしてつくられたか』（岩波書店），『人間性の起源と進化』（昭和堂）など。移動運動に関連した筋・骨格系の適応から霊長類の進化過程を研究している。1989年から東アフリカで化石類人猿の発掘調査に携わり，2002年からは1000万年前の露頭が広がるケニア，ナカリ地域の発掘調査を進めている。

3 ホヤの発生生物学

ホヤは非常に魅力のある実験動物です。ホヤを使った研究では，2009年に退職された佐藤矩行先生が第一人者であり，ホヤの研究史については先生による執筆書があります。私は大学院時代を含め，15年にわたって研究をご一緒させていただきました。不肖の弟子がいまさら先生の美しい文章をなぞるのもおそれおおいので，ここでは少々視点を変えて，ホヤの研究材料としての魅力を紹介します。

ホヤ？

さて，そのホヤですが，講義や実習で尋ねても，最初はまともに知っている学生はほとんどいません。せいぜい「居酒屋で味見したことがある」という程度です。高校の生物の教科書にはホヤが載っているものもあるそうですが，私が勉強した教科書には載っていませんでしたし，そもそも，高校で生物をきちんと勉強した学生は少ないようです。

居酒屋でと書きましたが，そのとおり，ホヤは食べることができます。京都では錦小路に行けば買うことができます。食用のホヤはマボヤ（*Halocynthia roretzi*）といって，東北地方では養殖もされています。大学院の修士課程ではこのホヤを実験材料に使っていたので，青森県青森市にある現在の東北大学大学院生命科学研究科附属浅虫海洋生物研究センター，岩手県大槌町にある現在の東京大学海洋研究所国際沿岸海洋研究センターなどにお邪魔して採集・実験していました。その近隣のスーパーには，ごく普通にホヤが並んでいました。ホヤは独特の風味があり，私の口にはあいませんが，好きな人は本当に好きみたいです（この原稿は新

第1章　ヒトへの道を遡る——生物進化の「節目」を求めて

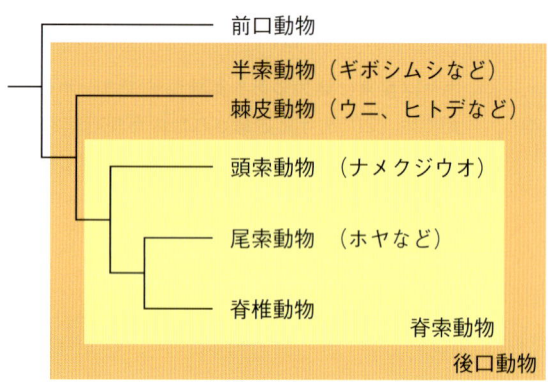

図1：動物の簡単な系統樹
　ホヤは尾索動物の一種で，脊椎動物に近縁。

幹線で書いていますが，車内販売のカートにホヤがあるのを見つけました。おそらく干物でしょう）。

　また，マボヤは「海のパイナップル」ともよばれていますが，かなり強引な気がします。形が多少似ているかな，という程度です（見たことのない方はインターネットで検索してください）。こうした呼び方のせいか，植物と思っている人もいますが，ホヤはれっきとした動物です。それも，われわれ脊椎動物を含む脊索動物門に属する動物です。また，最近のナメクジウオのゲノム解析（私も遺伝子構造決定で貢献しました）によって，ホヤを含む尾索動物は脊椎動物の姉妹群（最も近縁のグループ）であることが明らかになっています（図1）。

ヒトとホヤの共通祖先

　ホヤの植物然とした形を見ると，どこが自分と近縁なのだろう

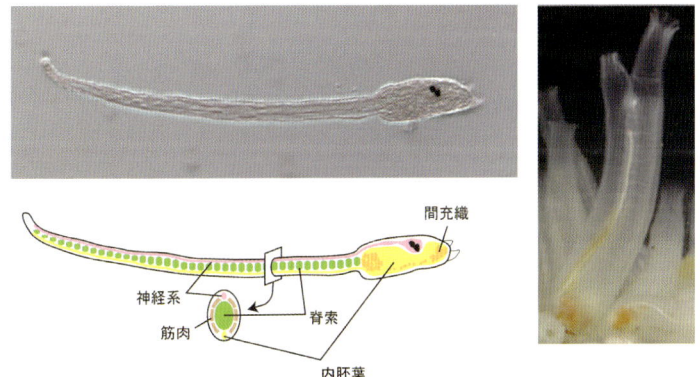

図2：カタユウレイボヤの幼生（左）と成体（右）

と思うかもしれません。しかし，ホヤの発生をおってみてみると，植物然とした成体の前はオタマジャクシ型の幼生（図2）で，この形はわれわれとの近縁性を感じさせてくれます。脊索動物門に属する動物群としては，先ほど述べたように他にナメクジウオが属する頭索動物があります。頭索動物，尾索動物，脊椎動物は，少なくとも生涯の一時期に，脊索とよばれる構造を中央部にもつオタマジャクシ型の体制をとります。他にも背側神経管やエラなど共通の特徴がいくつかあります。こうした特徴は，脊索動物以外の動物群には認められません。つまり，進化の過程で脊索動物が生まれたとき，「突然」この体制ができたように見えます。

この進化の謎にどう迫ったらよいのでしょう？ 実は，それを研究できることがホヤの魅力の一つなのです。脊索動物の進化の初期に分岐した動物群であるホヤを研究することで，脊椎動物と尾索動物の共通の祖先がどのようなものであったかを知ることができるはずだからです。より正確にいうと，脊椎動物と尾索動物

第1章 ヒトへの道を遡る——生物進化の「節目」を求めて

図3：ナショナルバイオリソースプロジェクトによるカタユウレイボヤ自然集団種（野生型）の研究者への提供
（上）ホヤを養殖している京都大学フィールド科学教育研究センター舞鶴水産実験所の桟橋。（下）引き上げた養殖用のかごとホヤ。写真提供：平山和子（担当職員）。

の最後の共通祖先の様子を推測できるということです。より初期に分岐した頭索動物のほうが，脊索動物の共通祖先をさぐる目的には向いているかもしれませんが，この動物はホヤほど自由に実験できないという欠点があり，私たちはホヤで研究するほうがずっと現実的であると考えています。これが，ホヤを研究材料にする大きな理由の一つです。

　私たちが使っているホヤは，マボヤではなくカタユウレイボヤ

(*Ciona intestinalis*) です（図2）。このホヤの利点は，世界中に生息しているので研究者も世界中にいること，マボヤはおもに冬期に産卵するのに対して，カタユウレイボヤは盛夏を除いてほぼ一年中産卵することなどです。また，発生の適温がマボヤ（13℃くらい）より高い（18℃くらい）ので，実験をしやすいという利点もあります。カタユウレイボヤを使用している研究者は多いのですが，マボヤと違って食用ではないので，養殖はされていません。カキなどの養殖では邪魔者扱いされているほどで，以前はそうした養殖業者さんなど，いろいろなところにお願いして採集させてもらったり，自前で養殖したりしていました。しかし現在では，文部科学省のナショナルバイオリソースプロジェクトによる支援を受け，私たちの研究室（実際の作業の半分は京都大学フィールド科学教育研究センターの舞鶴水産実験所を利用）と東京大学の臨海実験所でカタユウレイボヤを養殖し，毎週，日本中の研究者に供給しています（図3: 供給を受けたい方は http://w-ciona.lab.nig.ac.jp/cgi-bin/ghost_order_top.cgi まで）。

ホヤのゲノム

さて，話はオタマジャクシ型の体制に戻ります。オタマジャクシ型の体制を作り出すのは発生プログラムです（ですので，進化の理解には発生の研究が必要なのです）。このプログラムはゲノムに書かれています。発生の過程では，ゲノムにコードされたさまざまな遺伝子が発生プログラムに調節されながら発現します。発生を理解するためには，ゲノム全体の協調的な制御メカニズムの理解が欠かせません。そこで私たちは，ゲノムにも注目して研究をおこなってきました。

ホヤのゲノムは，私が助手のときに解読しました。動物としては7番目という早さでしたが，他のゲノム解析と同様，最初の発

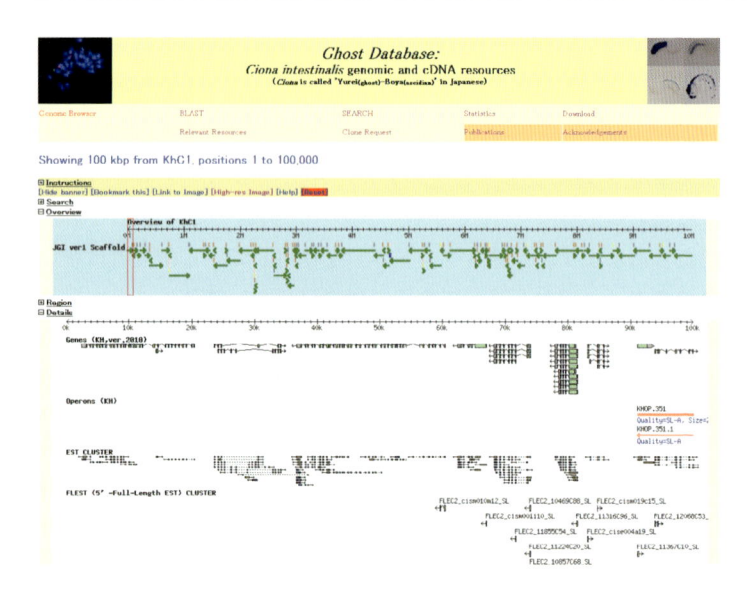

第1章 ヒトへの道を遡る──生物進化の「節目」を求めて

図4：ゲノムデータベース
最新のゲノム情報は私たちの管理する ghost データベースで参照可能（http://ghost.zool.kyoto-u.ac.jp）。遺伝子の発現パターンなどの情報も充実しており，ホヤ研究者の間ではデファクトスタンダード。資料提供：今泉智香子（担当職員）。

表で完全とはいきません。ゲノムワイドな実験のための基盤として，ゲノム情報のさらなるアップデートが必要でした。その過程で，ホヤのゲノムにはオペロン構造（複数の遺伝子が一つの単位として転写されること。真核生物では通常は一つの遺伝子が一つの転写単位）が存在することなどが明らかになり，EST（expressed sequence tag：発現配列タグ）などの情報も増やしました。2008年には私を中心に数か国の研究者が協力して，ゲノムのアセンブリのアップデート，遺伝子モデルのアップデートなど，大幅な改善をおこないました（図4）。

研究コミュニティーが小さい動物では，最初の解読の後のアッ

プデートやデータベースの維持が困難であると聞きます。これに関しては，解読には予算がつきやすいが，アップデートや維持にはつきにくいという予算措置の問題があるのかもしれません。幸いにもホヤでは，私たちをはじめとする研究コミュニティーの努力で，質の高いゲノム情報へのアップデートがつづけられています。

　ホヤのゲノム解読の結果は，脊椎動物との共通点を数多く示すとともに，ホヤのゲノムが尾索動物と脊椎動物との分岐後に広範な変化を経験したことを示していました。それでもホヤのゲノムはオタマジャクシ型の体制を作り出す能力をもっています。つまり，オタマジャクシ型の体制を作り出す秘密は，脊椎動物と共通の部分にあるはずです。

　脊椎動物の系統では尾索動物との分岐後に広範な遺伝子重複（ゲノム全体か，遺伝子単位かはまだ議論のあるところ）があったのでゲノムサイズが大きく，多くのパラログ遺伝子（遺伝子重複で生じた二つの遺伝子）が存在します。パラログ遺伝子は機能的にも重複していることが多いので，オタマジャクシ型の体制を作り出すメカニズムの解明には，脊椎動物よりホヤにアドバンテージがあると考えています。ゲノムワイドに理解するためには，遺伝子の数が少なければ少ないほどよいのです。あとで述べますが，遺伝子は相互に影響してゲノムワイドなネットワークを作っており，遺伝子の数が増えれば，その構造は飛躍的に複雑化すると予測されます。脊索動物の基本的体制の発生プログラムをゲノムワイドに理解するうえで，現時点ではホヤが唯一の現実的な実験動物なのです。

遺伝子調節ネットワーク

　「ゲノムは生命の設計図」という比喩が専門誌から一般の新聞

第1章　ヒトへの道を遡る――生物進化の「節目」を求めて

までさまざまな場面で使われていますが，ゲノムに描かれている「設計図」は，われわれが普通にイメージする設計図とは少々異なります。たとえばコンピュータの設計図には，「この規格のメモリをどこに配置」などという情報が描いてあります。「生命の設計図」はどうでしょうか？　ゲノムにすべての情報が含まれていることはまちがいないでしょうが，「脊索はどこ」「筋肉はどこ」などの情報もゲノムに描かれているのでしょうか？

　残念ながら，こうした情報はゲノムに直接には描かれていません。もしそうなら，私の仕事はゲノム解読で終わっていたでしょう。ゲノムに描かれているのは，タンパク質をコードする遺伝子配列や，その遺伝子の発現を制御する転写調節因子が結合する配列といった情報です。個々の細胞のゲノムは，その細胞ですでに発現している転写調節因子や，そのはたらきを制御する周囲の細胞からのシグナルを総合的に解釈して（実際には転写調節因子がゲノムに結合して），特定の遺伝子を特定の細胞で発現するようになっています。つまり，ゲノムは入力を解釈して出力をおこなうかなり動的な存在で，コンピュータのプロセッサに近いものといえます。どのような入力でどのような出力がおこなわれるかは，あらかじめ決まっています。コンピュータでいうところのソフトウェア（プログラム）があるわけです。

　コンピュータのプログラムを作ったことのある人ならわかると思いますが，自分でプログラムを作るより，誰かの作ったプログラムを解析するほうがずっとたいへんです。ゲノムに描かれている発生プログラムの解読はまだまだはじまったばかり。私はホヤで，とくにその初期胚を用いて取り組んでいるわけですが，それは，初期の発生プログラムではほとんどの調節が遺伝子の転写調節のレベルでおこなわれており，ゲノムに描かれているプログラムの理解が容易だと考えているからです。遺伝子の転写調節は転

3 ホヤの発生生物学

写調節因子が担いますが，その転写調節因子をコードする遺伝子の発現も，自分自身や他の転写調節因子の制御を受けています。また，転写調節因子の活性が細胞間の相互作用によって調節されることもしばしばあります。その細胞間相互作用にかかわる分子も，多くは転写調節因子によってその発現を厳密に制御されています。このように，さまざまな調節因子が互いに制御しあって遺伝子のネットワークを作っています。このネットワークこそが，ゲノムに描かれている発生プログラムそのものです。

遺伝子調節ネットワークはゲノム全体の協調した活動ですから，研究もゲノム全体を相手にする必要があります。先に述べたように，ホヤのゲノムはオタマジャクシ型の体制を作る能力があるにもかかわらず，脊椎動物のゲノムよりずっと単純であり，この点で大きなアドバンテージがあります。遺伝子調節ネットワークのもう一つの特徴は，「プロセッサ」としてのゲノムが個々の細胞に備わっていることです。つまり，最小の機能単位は細胞なのです。ホヤの胚は細胞の数が少なく，オタマジャクシ型幼生でも2600個あまりですから，細胞単位で研究を進めることができます。他の動物なら「〇〇の領域」というところを，ホヤなら「〇〇の細胞」と特定できるのです。私はゲノム解読以前から発生における転写調節のしくみを研究し，ゲノム解読後はそれを基盤として，遺伝子調節ネットワークを網羅的かつ細胞単位で明らかにしてきました（図5）。こうして現在では，ホヤの初期胚の遺伝子発現が細胞単位でロジカルに説明されつつあります。

調節遺伝子以外の遺伝子の発現も，もちろん遺伝子調節ネットワークによって調節されています。現在はそれらの遺伝子も視野に入れ，発生をゲノムワイドに理解するとともに，進化の過程でこのネットワークがどのように変化してきたのかを理解したいと考え，研究を進めています。このような研究が可能，あるいは最

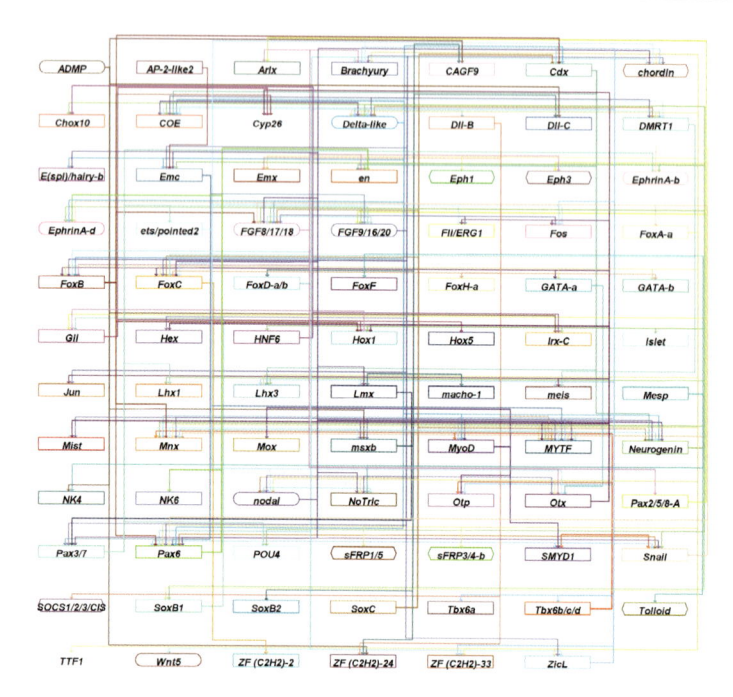

第1章 ヒトへの道を遡る──生物進化の「節目」を求めて

図5：ホヤの遺伝子調節ネットワークの概要の一部
私たちはこうしたネットワークを細胞単位で明らかにしている。
その結果，調節遺伝子の機能的相互関係が明らかになってきた。
資料提供：今井薫（gCOE特別講座）。

も有望な動物がホヤ，それもカタユウレイボヤなのです。

ホヤ！

　学生からはキワモノ扱いされることも多いのですが，これまで述べたように，ホヤはすばらしい実験動物です。大学4年生のとき，私がホヤの研究室を選んだ理由は他にもあります。第一に，ホヤは血を流しません。私は血を見るのがどうも苦手で，これはけっこう大きな理由でした。第二に，当時はキワモノでこそなか

ったものの，決して「モデル動物」でもなかったことです。この10年でホヤの認知度は大きく向上し，論文も飛躍的に増えました。そのような飛躍に立ち会えたのはすばらしい経験でした。

　ホヤの発生研究の歴史はきわめて古く，1世紀以上前にさかのぼります。研究者は世界中にいますが，日本はかなり大きな勢力です。ホヤのゲノム解読は，動物としては7番目，マウスに遅れること1週間です。ホヤのゲノムは，日本が大きな役割を果たした，いわば「日本発のゲノム」です。そして何より，ポストゲノムの時代において，ホヤは最も大きな可能性をもつ実験動物なのです。

おわりに

　先にも述べましたが，東京大学海洋研究所国際沿岸海洋研究センター（岩手県大槌町）には大学院生から助手の時代に大変お世話になりました（大学院生の頃は多い年で半年近く滞在させてもらったこともあります）。また，ゲノム解析に用いたホヤは，東北大学大学院農学研究科附属女川フィールドセンター（宮城県女川町）で採集したものです。ナショナルバイオリソースプロジェクトで日本中に配布しているホヤももとをたどれば女川で採集したものです。先の震災で両センターが壊滅的な被害を受けたことを聞き，両センターが，我々のコミュニティー，ひいては我が国の海洋関連研究にいかに重い役割を果たしてきたのかを再認識させられました。一日も早い復興を心から願います。

第1章 ヒトへの道を遡る――生物進化の「節目」を求めて

佐藤ゆたか Yutaka Satou

京都大学大学院理学研究科動物学教室発生ゲノム科学研究室・准教授。東京都出身。1999年，京都大学博士（理学）。ゲノムを武器にホヤを使った発生と進化の研究をつづけている。

4 立襟鞭毛虫のゲノム情報から探る動物の多細胞化

01
動物に最も近縁な単細胞性の原生生物である立襟鞭毛虫に注目し，進化の過程で動物がどのように多細胞性を獲得したかについて研究しています。立襟鞭毛虫，動物，菌類，植物などのゲノム情報を用いて網羅的な遺伝子比較をおこなった結果，動物の多細胞化と遺伝子の多様化の関連の一端が明らかになってきました。

全生物の系統関係

現存のすべての生物は，真正細菌，古細菌，真核生物の三つの大きなグループ（3超生物界：ドメイン）に分類されます（図1）。真正細菌には，ヨーグルトの製造に使われる乳酸菌や，私たちの腸内に生息する大腸菌などが含まれます。古細菌（アーケアともよばれます）には，沼地などでメタンを生成するメタン菌，塩湖や塩田などに生息する高度好塩菌，温泉や海底火山の熱水噴出孔などに生息する好熱好酸菌などが含まれます。真核生物には，ヒトなどの動物，イネなどの植物，コウジカビや酵母（イースト）などの菌類，アメーバやゾウリムシなどの原生生物が含まれます。

ヒトから大腸菌までの全生物は，例外なく，膜（細胞膜）に包まれた細胞からできています。真正細菌および古細菌の細胞の構造は比較的単純で，一般的な細胞の大きさも直径数 μm 程度と非常に小ぶりです。一方，真核生物の細胞は内部に細胞核，小胞体，ゴルジ体，ミトコンドリアなどの複雑な膜構造（細胞小器官）があり，一般的な細胞の大きさは直径 10 〜 100μm 程度と，真正細菌や古細菌より大きめです。なお，真正細菌と古細菌には真核生物のような細胞核がないので，両者をまとめて原核生物とよびま

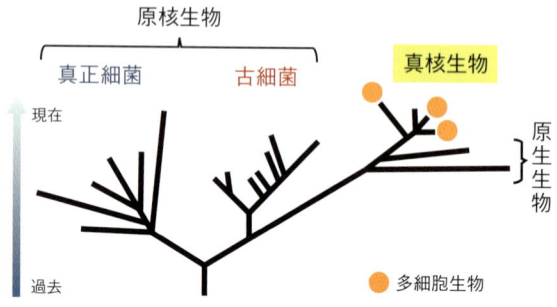

第1章　ヒトへの道を遡る──生物進化の「節目」を求めて

図1：リボソームRNAにもとづく3超生物界の分子系統樹
各枝の先端部分が現存の生物に対応する（種名は省略）。この系統樹では，古細菌が真正細菌よりも真核生物に近縁であることが示されている。多細胞化は真核生物の一部の系統（動物，植物，菌類：オレンジ色の丸印）で起きた（ウースら，1990年の図を一部改変）。

す（図1）。ただし，真正細菌と古細菌は系統的には非常に遠い関係にあり，古細菌は真正細菌よりも真核生物に近縁だと考えられています（図1）。

多細胞生物の進化的位置

真核生物のなかには，ゾウリムシのように1個の細胞からなる単細胞生物もいれば，私たちヒトのように60兆個もの細胞からなる多細胞生物もいます。鳥や昆虫あるいは樹木や草花など，私たちが日常的に認識している生物は，多細胞生物と考えてまずまちがいありません。単細胞生物をつぶさに観察するためには顕微鏡が必要です。原核生物は基本的には単細胞性ですが，なかには複数個の細胞が寄り集まって集合体を作るものもいます。また，原生生物も基本的には単細胞性ですが，同種の細胞が集まって群体（コロニー）を形成するものもいます。

生物の進化の過程においては，まず細胞の構造が単純な原核生

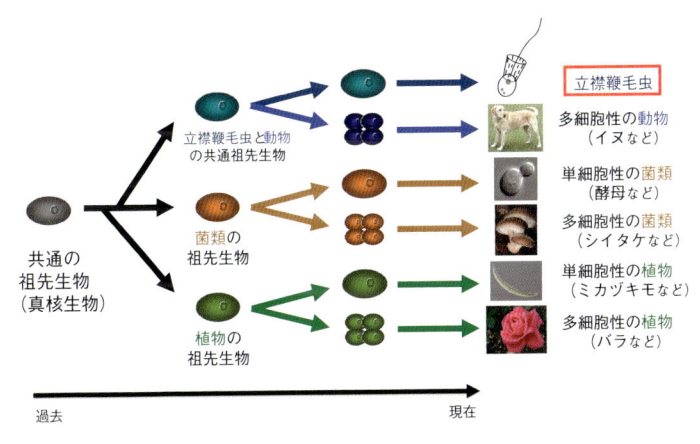

4 立襟鞭毛虫のゲノム情報から探る動物の多細胞化

図2：動物, 菌類, 植物の多細胞化
単細胞性の共通祖先生物から分岐したあと, 動物, 菌類, 植物の三つの系統で独自に多細胞化が起きた。この図では示していないが, 植物の系統では多細胞化が独自に複数回起きたと考えられており, 動物の多細胞化は立襟鞭毛虫との分岐後に一度だけ起きた可能性が高いと考えられている。なお, 菌類の祖先生物は酵母のような単細胞生物だったと考えられているのだが, 菌類の系統における多細胞化の時期と回数についてはいくつかの説があり, まだよくわかっていない。

物が出現し, その後, 真核生物が現れたと考えられています。真核生物の共通祖先は原核生物と同様に単細胞性であり, 多細胞性の真核生物はあとから出現したと考えられています（図1）。イヌなどの動物, バラなどの陸上植物, シイタケなど一部の菌類は明らかに多細胞性であり, 動物, 植物, 菌類の系統でそれぞれ独自に多細胞化が起きたと考えられています（図2）。しかしながら, 単細胞生物から多細胞生物へどのように進化したか, まだ十分な理解は得られておらず, 生物の進化に関する未解明の大きな問題の一つと考えられています。

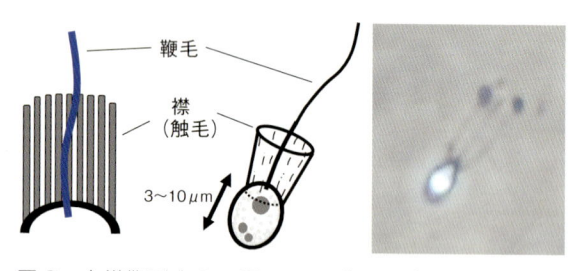

第1章　ヒトへの道を遡る――生物進化の「節目」を求めて

図3：立襟鞭毛虫の一種モノシガ・オバータ（*Monosiga ovata*）の模式図（左）と顕微鏡写真（右）
細胞体の直径は 3 ～ 10μm で，真核生物としては非常に小さい。一本の鞭毛が生えており，そのまわりに襟とよばれる触毛（微絨毛）の輪がある。この形は，海綿動物の鞭毛室という器官に存在する襟細胞と類似している。立襟鞭毛虫は鞭毛を振ることによって，水中を泳いだり，水流を作って餌を捕らえたりする。写真右上の二つの黒い点は，襟にトラップされた餌の真正細菌。

立襟鞭毛虫の進化的位置とゲノム計画

　動物の多細胞化がいつごろどのように起きたかを理解するためには，動物に最も近縁な単細胞生物を研究することがたいへん重要になります。立襟鞭毛虫は，カイメンが餌の捕獲に使う襟細胞に形がよく似ていることから（図3），海綿動物との近縁性が以前から指摘されていました。1993年，ソジンらの研究グループによる分子系統解析（遺伝子の配列情報から図1のような系統関係を推定する方法）によって，立襟鞭毛虫が動物に最も近縁な単細胞生物である可能性が示されました。その後，京都大学の宮田隆教授（現名誉教授）の研究グループと，海外のいくつかの研究グループによって，立襟鞭毛虫と動物の近縁性が確認されました（図2）。

　現在，私たちの研究グループでは，淡水性の立襟鞭毛虫の一種

モノシガ・オバータ（*Monosiga ovata*，以下 *M. ovata*。図3）の
ゲノム上の全遺伝子を網羅的に調べること（ゲノム計画）によっ
て，動物の祖先がどのように多細胞になったか，その手がかりを
探しています。なお，2008年にアメリカのカリフォルニア大学
バークレー校のキングらの研究グループによって，モノシガ・ブ
レビコリス（*Monosiga brevicollis*，以下 *M. brevicollis*）という海
水性の立襟鞭毛虫のゲノム全塩基配列データが公表されています。
キングらの研究グループも，動物の多細胞化を理解する目的で
M. brevicollis のゲノム計画を独自に進めていたようです。私たち
の研究グループもほぼ同時期に *M. ovata* のゲノム計画をスター
トしていたのですが，さまざまな技術的困難に直面し，残念なが
ら遅れをとってしまいました。*M. brevicollis* と *M. ovata* は，どち
らも分類学上はモノシガ属ですが，系統的にはかなり遠い関係（ヒ
トとハエの関係と同程度）にあります。また，*M. brevicollis* のゲ
ノム上には約9200の遺伝子が存在すると推定されていますが，
M. ovata のゲノム上には約2万の遺伝子が存在するようです。今後，
両者の遺伝子を比較しながら研究を進めることによって，動物の
多細胞化に関する重要な知見が得られるだろうと考えています。

　立襟鞭毛虫は現在までに130種以上が見つかっており，単独
性の種と群体性の種が存在します。*M. ovata* は発見当初から単独
性の種と考えられていたのですが（モノシガ *Monosiga* のモノ
mono は単一という意味），最近，生育条件によっては群体を形
成することが明らかになりました（大阪大学微生物病研究所の岡
田雅人教授らの研究グループによる発見）。今後，*M. ovata* の群
体形成のメカニズムを調べることによって，動物の多細胞化を理
解するための重要なヒントが得られるかもしれません。

第1章　ヒトへの道を遡る──生物進化の「節目」を求めて

立襟鞭毛虫と動物の遺伝子の網羅的比較

　立襟鞭毛虫と動物および他の真核生物の遺伝子を比較することが重要なのですが、ただやみくもにすべての遺伝子を比較するだけでは、動物の多細胞化に関する有益な情報は得られそうにありません。そこで私たちは、多細胞生物にとって重要と思われるいくつかのポイントに注目して研究を進めています。たとえば、隣接した細胞どうしをしっかりとくっつけるメカニズム（細胞間接着）、細胞と細胞の間で情報交換をおこなうメカニズム（細胞間シグナル伝達）などは、多細胞生物にとってたいへん重要と思われます（図4）。また、形や機能の異なるさまざまな細胞を作り出すこと（細胞分化）も、多細胞生物にとってはたいへん重要です。

　たとえばヒトには、神経細胞、筋肉細胞など200種類以上の異なるタイプの細胞があります。これらすべての細胞は1個の受精卵から作り出され、どのタイプの細胞も基本的に同じ遺伝子セットをもっています。異なるタイプの細胞を作り出し、その特性を維持するためには、どの遺伝子からどのようなタンパク質を作るのか、細胞のタイプによって遺伝子を使い分けることが重要になります。この使い分けのことを遺伝子発現調節（あるいは転写調節）とよびます（図4）。なお、遺伝子発現調節はおもに細胞核内部のDNA上でおこなわれます。動物の細胞間接着、細胞間シグナル伝達、遺伝子発現調節のメカニズムには多く種類のタンパク質が関与しており、各メカニズムも複雑に関連しあっています。

　私たちの研究グループでは、塩基配列情報やアミノ酸配列情報をコンピュータで解析することにより、さまざまな遺伝子について図1のような分子系統樹を推定してきました。うまく工夫すると、遺伝子の多様化の時期やパターンなどの、進化に関する重要

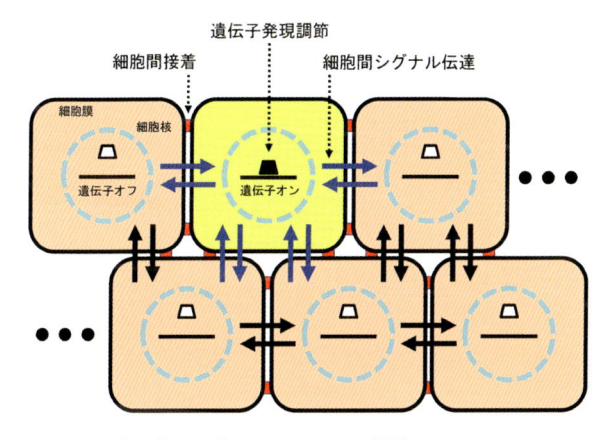

図4：多細胞生物の細胞の三つの重要な機能
隣接する細胞どうしは，細胞膜に存在する複数種類のタンパク質によって「細胞間接着」している（細胞間の赤色の部分）。また，他の細胞から受容した情報を細胞の内部に伝える「細胞間シグナル伝達」のメカニズムも，多細胞生物にとって重要である（青色および黒色の矢印）。なお，ホルモンなどによって遠い場所の細胞から情報が伝わることもある。黄色で示す細胞では，周囲の細胞とは異なる「遺伝子発現調節」がおこなわれ，ある遺伝子の発現がオンになっている。

な情報を分子系統樹から得ることができるのです。その一例として，細胞間シグナル伝達に関与するチロシンキナーゼという遺伝子の分子系統樹を図5に示します。チロシンキナーゼは菌類や植物では見つかっておらず，この分子系統樹にはヒト（脊索動物），ショウジョウバエ（節足動物），カワカイメン（海綿動物）および立襟鞭毛虫の遺伝子が含まれています。この分子系統樹を慎重に検討すると，立襟鞭毛虫と動物の分岐前に，機能や構造の異なる多様なチロシンキナーゼ遺伝子がすでに存在していたことが理解できます。なお，京都大学の宮田隆教授（現名誉教授）の研究グループでは，カワカイメンやヒドラ（刺胞動物）の細胞間シグ

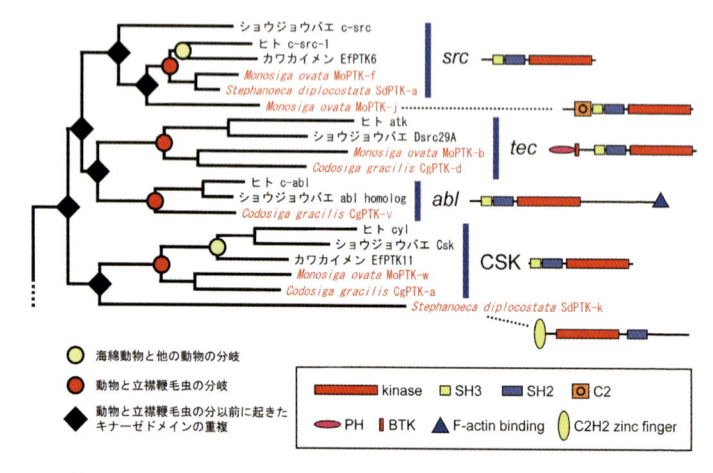

第1章 ヒトへの道を遡る──生物進化の「節目」を求めて

図5：チロシンキナーゼ遺伝子の分子系統樹

チロシンキナーゼは，タンパク質の一部を修飾（チロシン残基をリン酸化）することによって，細胞内に情報（シグナル）を伝える。3種の立襟鞭毛虫（*Monosiga ovata*, *Codosiga gracilis*, *Stephanoeca diplocostata*）の遺伝子名は赤文字で示した。赤の丸印は動物と立襟鞭毛虫の分岐，黄色の丸印は海綿動物と他の動物の分岐，黒の菱形は動物と立襟鞭毛虫の分岐以前に起きた遺伝子の多様化（遺伝子重複）を示す。図の右側に，各チロシンキナーゼのタンパク質の構造（ドメイン構成）を模式的に示した。この分子系統樹から，「立襟鞭毛虫と動物の分岐前に，機能や構造の異なる多様なチロシンキナーゼ遺伝子が（遺伝子重複とドメインシャフリングという遺伝子多様化のメカニズムによって）すでに作られていたこと」が理解される（菅ら，2008年の図より一部抜粋・改変）。

ナル伝達や遺伝子発現調節に関与する遺伝子を1995年ごろから研究対象としており，海綿動物と他の動物の分岐前に，機能や構造の異なるさまざまな遺伝子がすでに多様化していたことを，2001年ごろまでに明らかにしています（図6）。その後，立襟鞭毛虫が動物に近縁であることが明らかになったので，同様の解析を進めて図5のような興味深い結果を得たという次第です。

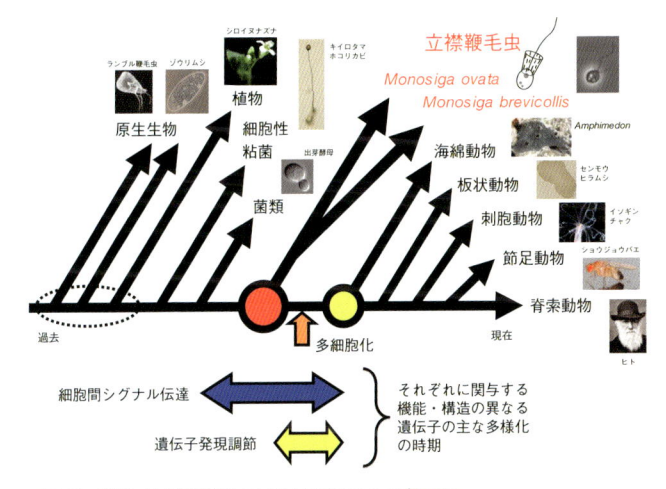

図6：動物の初期進化における遺伝子の多様化
細胞間シグナル伝達および遺伝子発現調節に関与する遺伝子の，おもな多様化の時期を示す。点線の楕円で囲った部分の系統関係は，現在のところよくわかっていない。

 ここ数年で，さまざまな真核生物のゲノム計画が進み，進化的に重要な生物の遺伝子の配列情報を研究に用いることが可能になりました。2種の立襟鞭毛虫（*M. brevicollis* と *M. ovata*）およびセンモウヒラムシ（板状動物：体制が簡単な動物であり，海綿動物と同様に神経細胞をもたない），イソギンチャク（刺胞動物），ショウジョウバエ，ヒトなどの動物の遺伝子について網羅的な解析をおこなった結果，①動物特異的と考えられていた細胞間シグナル伝達に関与する遺伝子の多様化が，動物と立襟鞭毛虫の分岐以前にも一部で起きていたこと，②遺伝子発現調節に関与する遺伝子には動物特異的なものが多数存在すること，③植物および菌類では，動物とは異なる遺伝子が独自に多様化することによって，それぞれの多細胞化が進んだ可能性が高いこと，などがわかって

きました（図6）。また、動物特異的と考えられていた細胞間接着に関与する遺伝子（カドヘリン・リピートをもつ遺伝子）と類似性の高い遺伝子が、立襟鞭毛虫に複数存在することも明らかになっています。もしかすると、このような遺伝子が *M. ovata* の群体形成に関与しているのかもしれません。

1個の細胞（受精卵）から性質の異なる複数タイプの細胞が生じ（細胞分化）、それぞれの細胞が独自の役割を担いながら全体として協調することにより、動物の複雑な体は維持されています。それに対して、立襟鞭毛虫は細胞が集まって群体を形成することはあっても、動物のような複雑な体制はとりません。私たちの研究結果から考えると、どうやら遺伝子の使い方（遺伝子発現調節）を多様化させたことが、動物の多細胞化と深く関係しているようです。今後、立襟鞭毛虫および海綿動物、板状動物、刺胞動物などの遺伝子の機能や発現調節などに関する研究が進むことにより、動物の初期進化における多細胞化がどのように起きたか、遺伝子レベルからの理解が深まると期待されます。

おわりに

2010年8月に海綿動物（普通海綿）の一種 *Amphimedon queenslandica* のゲノム配列情報が発表され、動物の初期進化における遺伝子の多様化について、より詳細に調べることが可能になりました（図6）。*A. queenslandica* のゲノム配列データを加えた私たちの研究グループの最近の解析でも、上記と同様の結果が得られています。今後、次世代シークエンサーの普及にともない、さまざまな生物のゲノム配列情報が加速度的に増加すると予想されます。動物に比較的近縁な他の原生生物（イクチオスポレアなど）、石灰海綿（海綿動物のもう一つの重要なグループ）、有櫛動物（クシクラゲ類ともよばれる）などのゲノム配列情報も、動物

4 立襟鞭毛虫のゲノム情報から探る動物の多細胞化

の多細胞化を理解する上で大変重要になるでしょう。しかしながら、膨大な（しかも、現状では必ずしも良質とはいえない）配列情報から生物学的・進化学的に重要な情報を抽出し新たな知見を得ることができるかどうかは、やはり研究者のアイデア次第ということになると思います。

ここでご紹介した研究内容には、多くの共同研究者の方たちの成果が含まれています。大学時代からの恩師である宮田隆先生（現在、京都大学名誉教授、JT生命誌研究館顧問），研究グループの新旧のメンバー、および *M. ovata* ゲノム計画に関与していただいているみなさんに、ここで感謝の意を表したいと思います。

岩部直之 Naoyuki Iwabe

京都大学大学院理学研究科生物物理学教室理論生物物理学研究室・助教。福島県生まれ。1993年、九州大学大学院理学研究科単位取得退学。博士（理学）。九州大学理学部生物学科での卒業研究から一貫して、専門分野は分子進化学。生物の形質レベルの進化（形態・行動などの進化）と遺伝子レベルの進化の関連性を理解したいと考え、研究をつづけている。

5 細胞内共生体の戦略の進化
——ゲノムの小型化かホストの操作か？

01

著者の専門は「理論生態学」という，数式やコンピュータを駆使して生物のさまざまな生態現象のメカニズムを解明する分野です。扱う対象は細胞レベルの問題から，生態系といった大きなレベルまで，多岐にわたっています。ここではそうした多様なとりくみのなかでも，筆者が最近研究を進めている細胞内共生体の話題を紹介しましょう。

はじめに

　細胞内共生体とは，真核生物の細胞質に含まれる，自分自身の遺伝子を保有している因子のことです。たとえば，ミトコンドリアや葉緑体がその代表です。こうした共生体はホスト（真核生物）の細胞質を通じて母から子へと伝搬されることで，ホストの世代を超えて共生状態を安定的に維持しています。

　さて，「生態学」を専門としているのに，なぜ細胞内共生体なのか？　その問いに対してはいくつかの回答が可能です。

　一つ目は，その研究が生態学の中心的な課題の一つ，種間関係の解明に大きな示唆を与えるものであるということにあります。細胞内共生では，2種の生物が相互依存の末に1種の生物として振る舞うように進化したのみならず，ホストと共生体の遺伝子が混ざりあってしまっている場合も少なくありません。こうした究極ともいえる種間関係の成立過程の解明は，生態学的にも重要な示唆を含んでいます。

　また二つ目の点は，細胞内共生体の存在と生態系の根本原理との密接な関連にあります。生物は，細胞と，光合成・酸素呼吸の能力をもつバクテリアとを結びつけること，つまり細胞内共生に

よって，より高度な機能を獲得することに成功しました。その結果，多細胞化や陸上への進出を果たし，高次の生態系を形成してきました。その意味から，細胞内共生体の研究は，生物を中心とした生態系の成立の根本に迫るものであるといえます。

ここでは，動物のミトコンドリアを軸に，動物の他の細胞内共生体との違いに注目しながらその「進化力学」を明らかにするとりくみを紹介します。

ミトコンドリアの祖先の候補

真核生物は，古細菌の内部にミトコンドリアの祖先であるα-プロテオバクテリアの一種が取り込まれることによって生じたと考えられています。では，ミトコンドリアの祖先に当たるバクテリアはどのようなものだったのでしょうか？　それを考えるうえで，一つの大きな問題があります。ミトコンドリアと出会う前の古細菌はおそらく酸素を嫌う嫌気的性質をもっていたと考えられるのに対し，ミトコンドリアは酸素を利用する好気的性質を有しています。そのままでは両者の間に接点はなく，共生の開始は少なからず困難だと予想されます。これに関する非常に有力な仮説が，マーティンとミュラー（1998）によって提案された「水素仮説」です。この仮説では，ミトコンドリアの祖先は嫌気的代謝と好気的代謝をあわせもっており，とくにその嫌気的代謝は水素を作り出すような反応であったと考えます。

一方，古細菌の一つであるメタン細菌は水素を消費してエネルギーを得ており，水素を産出する嫌気的代謝と結びつくことで大きな利益が得られる可能性があります。この水素を介した利害の一致が古細菌とバクテリアの共生をもたらし，さらにその後，古細菌がバクテリアの好気的代謝を利用するようになったことで，ミトコンドリア的な酸素呼吸がもたらされたと考えたのです。こ

の仮説における「嫌気的代謝と好気的代謝をあわせもつバクテリア」の候補に上げられたのが，現在でも多様な代謝系をもつ「ロドバクテリア」というグループです。

ミトコンドリアの系統関係

その後，2000年代に入ってバクテリアの系統樹の研究が急速に進展しました。それによってわかってきたのは，ミトコンドリアはロドバクテリアに近いわけではなく，それよりもリケッチア目というバクテリアの仲間に非常に近縁だということです（Williams et al. 2007 に最新の系統樹が示されています）。リケッチア目にはリケッチア科やアナプラズマ科が含まれますが，これらはいずれも，真核生物の細胞内に入り込む寄生的あるいは共生的な性質をもつバクテリアです。そのなかでもとくに，リケッチア科に属するほとんどの種とアナプラズマ科のボルバキアは，細胞質を通じてホストの母親から子どもへ伝搬する細胞内共生体なのです。ちなみにリケッチアは，ツツガムシ病リケッチアに代表されるように感染症の原因となりますが，じつはそれらは元来，節足動物の細胞内共生体なのです。一方のボルバキアは，昆虫でメス化やオス殺し，単為発生などの性比のメスへの偏り（SRD: Sex Ratio Distortion）を引き起こすことがよく知られている，無脊椎動物の細胞内共生体です。

どうやらミトコンドリアは，こうした細胞内共生性のバクテリアに近縁なのです。しかし，ミトコンドリアの細胞内共生が真核生物の起源にまでさかのぼることができる一方で，リケッチアやボルバキアの共生はもっと最近の出来事だと思われます。すなわち，これらの近縁な系統内で細胞内共生は独立に複数回進化したと考えられるのです。このグループの，いうなれば「細胞内共生の起こしやすさ」は，彼らがそれを促進するなんらかの潜在的な

要因をもつことを示唆しているのかもしれません。

さらにおもしろいのは，これらミトコンドリアとリケッチア目に最も近縁な系統が，*Pelagibacter ubique* というバクテリアだということです。このバクテリアは SAR11 クラスターという，海洋性のバクテリアのグループに属しています。これは，海洋で最も優占するグループで（海洋上層の原核生物の 35% を占めています），海洋における分解過程の大きな割合を担っています。そこに含まれるこの *P. ubique* は，じつは非寄生性の生物のなかでゲノムサイズが最も小さい（1309kb）種として知られています。一般に，ミトコンドリアやリケッチアを含め寄生性・共生性のバクテリアではゲノムサイズが小型化していますが，ミトコンドリアとリケッチア目に最も近縁な生物が，ゲノムサイズが最小の種であるということは，これもまた細胞内共生の起源になんらかの示唆を与えるかもしれません。

いずれにしても，バクテリアの系統関係に関するこうした新たな知見は，ミトコンドリアや真核生物の初期進化に関して，水素仮説に代わる新たな仮説の必要性を示しています。

ミトコンドリア，ボルバキアとリケッチアの類似点と相違点

さて，このような系統上の近縁性を踏まえて，ミトコンドリアと細胞内共生性のリケッチア目の間の類似点と相違点を考察してみましょう。まず類似点としては，ゲノムサイズがいずれも一般的なバクテリアの 4000〜6000kb に比べて非常に小さいことが上げられます。ミトコンドリアは動物で 16〜30kb，植物で 160〜2000kb，リケッチアは 950〜1700kb，ボルバキアは 1100〜1500kb です（ただし，これらと近縁な前述の *P. ubique* との比較では，動物のミトコンドリア以外はそんなに小型化が進んでいる

とはいえないかもしれません)。いずれにしても，動物の細胞内共生体に注目してみると，ミトコンドリア・ゲノムの小型化が顕著であり，そこがリケッチアやボルバキアとの大きな相違点となっています。

さらに，動物のミトコンドリアとリケッチアやボルバキアとの間には，より顕著な相違点があります。ボルバキアでは前述のようにホストの性発現の操作（SRD）が広く見られ，同様の性質は一部のリケッチアでも報告されています。しかしながら，動物のミトコンドリアではそのような現象は知られていません（ただし，植物ではミトコンドリア由来のオス機能不全が知られています）。

ここで一つの疑問が生じます。動物の細胞内共生体において異なる二つの性質，すなわちミトコンドリアに見られるゲノムの小型化と，リケッチアやボルバキアに見られるホストの性発現の操作が，同じような生活史をもつ細胞内共生体に別個に進化しているのはなぜなのでしょうか？

ゲノムサイズの小型化と性発現の操作（SRD）をもたらす進化力学

ここで，細胞内共生体のこうした性質の進化をもたらす力学を考えてみましょう。

まず，細胞内共生体のゲノムの小型化をもたらす要因はどのようなものでしょうか。ミトコンドリアでのゲノムの小型化は，細胞内共生にともなって不要になった遺伝子やイントロンの消失，ミトコンドリア由来の遺伝子の核ゲノムへの移行などによっており，その結果として，現生の動物のミトコンドリアは37個の遺伝子を保持するのみです。こうした一連のプロセスを押し進める力学に関する仮説の一つは，共生体間での「細胞内競争」とよばれるものです。つまり，ゲノムサイズを小型にした共生体はより

5 細胞内共生体の戦略の進化

(a) 細胞質が片親のみから遺伝する場合　　(b) 細胞質が両親から遺伝する場合

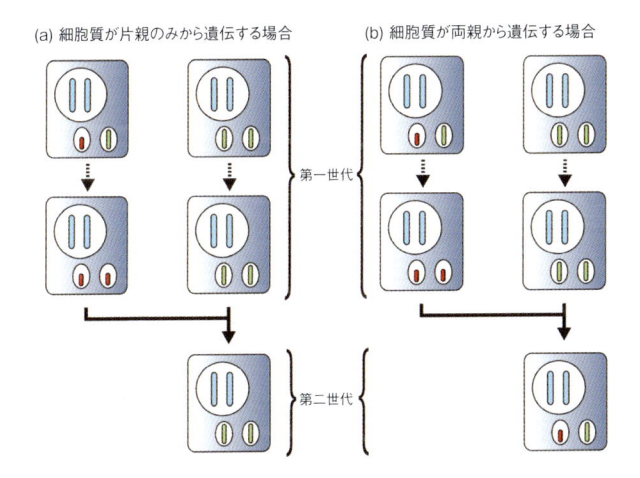

図1：細胞質の遺伝様式と細胞内競争の有効性の比較
　細胞質が片親からしか遺伝しない場合は，小型のゲノム（赤）をもつ変異共生体はホストの母系の系列内では優先できても，大きなゲノム（緑）をもつ野生型の変異体を集団中から駆逐することはできない。細胞質が両親から遺伝する場合は，異なる系統の共生体が出会うことで細胞内競争が効率的に機能し，小型のゲノムをもつ変異共生体が集団中に広まることができる。

すばやく複製を作ることができるため，ゲノムが小さい変異共生体が細胞内に生じると，それは祖先型の共生体を駆逐してホストの細胞質を占めてしまうでしょう。この力学によって，ゲノムの小型化が進化したと考えることができます。

この力学はもっともなように思えますが，じつはそのメカニズムにおいては細胞質の遺伝様式が大きな鍵となっています（図1）。すなわち，小型ゲノムが「細胞内競争」を通じて集団中に広がっていくためには，細胞質の混ぜあわせ，つまり両親からの細胞質の遺伝が必要なのです。われわれ人間も含め現生の多くの生物では，細胞質は母親からしか子どもに受け渡されません。そのような状況では，あるホスト個体でゲノムが小さい変異共生体が生じ

たとしても，それはその個体と，ひいてはその個体から細胞質を受け継ぐ母系の系統内では優先できますが，ホストの集団中に効率的に広まることはできないのです。ホストの集団中に効率的に広まるためには，細胞質が両親から受け渡されて，小型のゲノムをもつ変異共生体が祖先型共生体に打ち勝つという過程が繰り返され必要があるのです。実際のところ，有性生殖の進化の初期段階においては，細胞質の混ぜあわせをともなう同じ形態の配偶子どうしの接合（同形配偶）が一般的だったはずであり，その時代には「細胞内競争」が強く作用したと考えられます。

次に，ボルバキアやリケッチアで見られるホストの性発現の操作（SRD）をもたらす要因を考えてみましょう。端的にいって，SRDは細胞質が母親のみから遺伝する状況で進化する性質であるといえます。すなわち細胞質が母系遺伝をする状況では，オス個体の細胞内に存在する共生体は次世代へと引き継がれる可能性がなく，その運命はホストの死をもって消え去るしかありません。その状況では，ホストをメス化するなどして自分が引き継がれる可能性を高めることが有利になり，SRDの進化が促進されるのです。

細胞内共生体の二つの戦略の双安定性

以上の共生体の二つの性質，ゲノムサイズの小型化と性発現の操作（SRD）に関する進化力学から導かれるのは，両者の進化において細胞質の遺伝様式がまったく逆の作用をもつということです。細胞質が両親から遺伝する場合にはミトコンドリア的な小さなゲノムサイズが，母親のみから遺伝する場合にはボルバキア的なSRDが進化する傾向があるのです。

ところで，現生の多くの生物において細胞質の遺伝は母系的であり，この状況に即するなら細胞内共生体は一般的にSRDを進

化させると期待されます。ところが，少なくとも動物のミトコンドリアにはそのような傾向は見られません。同一な条件の下で，SRDを有する共生体とそれをもたない共生体がそれぞれ安定的に存続しているのはなぜでしょうか？　どのような条件が，こうした進化的な「双安定」ともいえる状況を作り出しているのでしょう？　この問題に対して，筆者らは現在，理論的な側面からとりくんでいます。

細胞内共生体の進化の理論モデル

ここで，私たちが考えている数理モデルを簡単に紹介しましょう。話を単純にするために，共生体のゲノムは二つの部分のみからなっていると仮定します。それは，ミトコンドリアの呼吸系の遺伝子のようにホストの適応度に影響を与える機能的な部分と，ボルバキアのSRDのようにホストの性発現の操作にかかわる部分で，共生体のゲノムにおけるそれぞれの部分の大きさをxとyという記号で表すことにします。

共生体ゲノムの性質として，以下のような一連の仮定をおくことにします。まず，細胞内での共生体の複製速度は総ゲノムサイズ（$x + y$）の減少関数で，ゲノムサイズが小さいほど細胞内で効率よく増加することができるとします。さらに，この共生体はホストのパフォーマンスに正の影響をもたらすと仮定し，その効果は共生体1コピー当たり効果（xの増加関数）と細胞内での共生体の総数（$x + y$の減少関数）の積の増加関数になっていると考えます。また，SRDの効果はyの増加関数で，yが大きくなるほどホストにおけるメスの割合が増大するとします。ちなみに，ミトコンドリアのように「小型のゲノムサイズ＋SRDなし」という状態は「小さなx，ほぼ0のy」で表され，ボルバキアなどの「ほどほどのゲノムサイズ＋SRD」という状態は「ほどほど

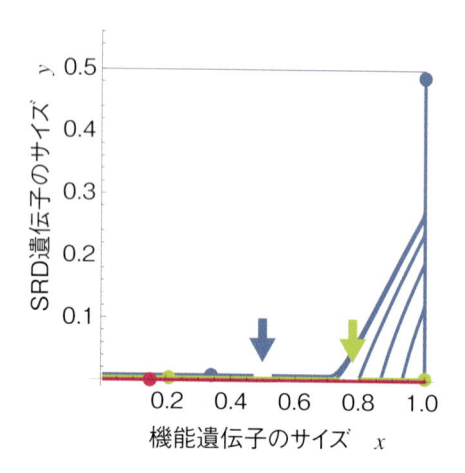

第1章 ヒトへの道を遡る──生物進化の「節目」を求めて

図2：細胞内共生体のゲノム進化のシミュレーション結果の一例
さまざまな x（および $y=0$）を初期状態として進化の軌跡をプロットしたもの。線の色は細胞質の遺伝様式の違いを表す（赤：$p=0.7$，緑：$p=0.3$，青：$p=0.002$）。軌道上の丸いプロットは進化の到達地点を表し，矢印は軌跡が異なる方向へ分岐している点を示す。

の x，大きな y」で表すことができます。

 以上のような枠組みにもとづいて，共生体ゲノムの二つの部分の大きさ，x と y の進化過程を解析するのです。なお，細胞質の遺伝様式は，「両親からの遺伝」から「片親からの遺伝」へと進化してきたと考えられます。両者の状態を連続的に表現するため，この理論モデルでは，細胞質は必ず母親からは受け渡されるがそれに加えて父親からも p の確率で遺伝するとし，進化過程でこの p の値が大きな値から小さな値（現状ではほぼ0）へと変化してきたと考えます。

5 細胞内共生体の戦略の進化

典型的な解析結果

共生体にどのような進化が起こるのかは，数理モデルに使われているいくつかの関数のパラメータの値によって変わってきます。そのなかでも，あるパラメータ領域で現れる図2に示されるような結果が，重要な示唆を含んでいます。細胞内共生の初期状態では，共生体はそれなりの機能をもちつつSRDの能力はない，すなわち「大きなxかつ$y = 0$」であったと予想されます。そこでx-y平面上に，さまざまなx（および$y = 0$）を初期状態として進化の軌跡をプロットしたのがこの図です。線の色は細胞質の遺伝様式の違いを表し，赤い軌跡は両親からの遺伝確率が高い（pの値が大きい）状況，青い軌跡はほとんど片親からの遺伝しかない（pの値が小さい）状況，緑の軌跡は両者の中間を表しています。それぞれの軌跡について，丸で示されているのが進化の到達点です。

まず，赤い色で示された，両親からの遺伝確率が高い場合に注目してみましょう。この場合には，共生体はSRDを進化させることはない（$y = 0$を維持した）まま，機能にかかわる部分を小さくする（xの値が小さくなる）方向へと進化していくことがわかります。次に，青い色で示された，片親からの遺伝のみの場合を見てみましょう。興味深いことに，この場合には初期状態に応じて進化に2種類の到達地点がありえます。一つは，SRDをもたずに機能部分を小さくする（$y = 0$，小さなx）状態で，もう一つはSRDを進化させつつ機能部分も大きい状態を維持する（大きなy，大きなx）状態です。重要なのは，赤い軌跡の到達点（$y = 0$，小さなx）を初期状態として青い軌跡の行く先を追うと前者の状態に行き着くのに対し，大きなxを初期状態とすると後者の状態へと収束することです。

ミトコンドリアの状態が「$y = 0$，小さなx」で表され，ボルバキアの状態が「大きなy，大きなx」で表されると考えると，

第1章 ヒトへの道を遡る──生物進化の「節目」を求めて

この結果は次のように解釈できます。細胞質が両親から遺伝する傾向があった進化の初期には（赤い軌跡），共生体はミトコンドリア的な性質を進化させる傾向がありました。しかしその後，細胞質が片親からのみ遺伝するようなシステムが進化してくる（青い軌跡）と，すでにミトコンドリア的な性質が進化していた場合には，ほぼその状態を維持したままで大きな変化は起こりません。しかし，その時点で新たに共生を開始した機能を十分に保持している共生体は，SRDを有するボルバキア的な性質を進化させるのです。このような過程が，現在，動物（とくに無脊椎動物）の細胞内でまったく異なる戦略をもつ2タイプの共生体が共存していることを説明していると考えられます。

ただ，進化過程はさまざまなパラメータの影響を受けます。上記の例はそれらのうちの一例でしかありません。ここでは割愛しますが，実際の解析では，どのようなパラメータのときにどのような進化が起きるのかを分類し，上記のパターンの一般性を評価するということもおこなっています。

以上が，筆者が最近とりくんでいる研究です。本研究では，ゲノム進化に働く淘汰圧の役割を解析しています。このようなゲノムの進化過程を解明するとりくみは，ゲノムと生態学をつなぐ一つの道筋を提供するものです。

山内 淳 Atsushi Yamauchi

京都大学生態学研究センター理論生態学分野・教授。1993年，九州大学理学博士。東京大学海洋研究所や長崎大学を経て，2001年10月より京都大学生態学研究センターに在籍。専門は数理生態学。著書に『生物の多様性ってなんだろう？──生命のジグソーパズル』（共著）などがある。現在は生物多様性の創出・維持機構について，進化的な視点から理論的な研究を進めている。

コラム①

異分野交流の勧め

　いまはむかし，大学入試の得意科目は国語と理科で，苦手科目は数学と英語でした。そんな私が大学に入学した当初の夢は，生物とは何かを知りたい，ということでした。

　研究がどんなものかふれてみたいと思っていた 2000 年 7 月，2 回生だった私は，イスラエルの Weizmann Institute of Science（ワイツマン研究所）が開催する 3 週間のサマープログラムに参加しました。当時の私は，学部の一般教養や基礎的な授業を経験しただけで，研究に関する知識をほとんどもっていませんでした。ピペットマンを扱った経験も，マウスにさわったこともありません。英語が苦手なのに，日本語の通じない場所で，はじめてのことを次から次に経験するという状況だったのです。そのため，「まるでわからない」「絵を描いてもらってようやくわかる」「英語の説明をなんとか理解しても，自分は英語で説明できない（日本語なら説明できるのに）」という，もどかしい思いを何度もしました。週末には，エルサレム，マサダなどの歴史遺産や，死海のような珍しい場所を訪れる機会が設けられていました。はじめて見る景色に感動し，自分が今まで当たり前のものだと思っていた環境が，特殊な例の一つにすぎないことを思い知りました。体験をともにした参加者と話しあう場面でも，自分の感想をうまく伝えられず歯がゆい思いをしました。

図1：レトロマー変異体の表現型
（上）播種後，42日目の植物体．レトロマー変異体は野生型に比べ，著しく成長が悪い。
（下）播種後30日目の寒天（ゲランガム）培地上の植物体．レトロマー変異体は野生型に比べ，早く老化（葉が黄変）する。

　そんな私も学位を取り，京都大学理学研究科のグローバルCOE研究員として勤務するようになりました。2008年12月，こんどは研究の打ち合わせや成果の発表のため，グローバルCOEの支援を受けてヨーロッパに渡航しました。そのとき英語で発表したのが次のような内容です。

　植物の種子は次世代の芽生えのために大量の栄養を蓄えています。シロイヌナズナの種子の細胞は，大量の貯蔵タンパク質を液胞に蓄えます。その際，貯蔵タンパク質を液胞に運ぶための輸送受容体の再利用にレトロマーとよばれるタンパク質の複合体が関与していることを明らかにしました。おもしろいことに，レトロ

図2：チューリッヒ駅構内の巨大なクリスマスツリーと
クリスマス市の様子

マーが働かなくなったシロイヌナズナは，貯蔵タンパク質の輸送効率が落ちるだけでなく，老化が早くなったり，矮性になったりするという表現型も示しました（図1）。これは輸送受容体の変異体では観察されない表現型ですから，輸送受容体以外にも再利用している相手がいるのではないかと考えられます。レトロマーが輸送受容体以外のものを再利用している　ということです。その相手がわかれば，植物が生きていくうえで，どんなものがどのように動くことが重要なのかを理解する手がかりになると考え，解析を進めているところです。

　行く前には「1時間も !?」とおののいていた発表ですが，夢中

で話しているうちに終わっていました。その後もディスカッションがつづき，食事中も話は尽きませんでした。この8年間で，自分の研究を開始し，論文を読み，論文を書き，学会などの発表を重ねて，自分が知っている内容について話したこと，そして，グローバルCOEが提供している英語での討論の機会を利用してきたことが，今回の成功のポイントだと思います。

12月のヨーロッパはクリスマスの雰囲気に包まれていました。駅には巨大なクリスマスツリーがあり（図2），広場にはクリスマス市が立っていて，彼らがクリスマスを大事にしていることがよくわかりました。そして私は，それらの感想を英語で話していたわけです。8年前とはちがう，成長していると感じて，とてもうれしくなりました。

グローバルCOEは，研究成果を世界に向けて発信できる人材を育成することを目指しており，英語での討論の機会を数多く設けています。私も国際シンポジウムで発表をさせていただき，異分野の人のいろいろな話を聞くことができました。そんな中で，隣（といってよいほど近く）の人が，それまで想像もしなかったおもしろいことをやっていると気づいたりします。異文化のなかで自分の意見を述べるときも，これらの経験が役立ちました。やっていてよかったなぁと思いますので，みなさんもまずは，身近でおもしろいことをしていそうな人に話しかけてみませんか。お勧めです。

山﨑美紗子 Misako Yamazaki

京都大学大学院理学研究科植物学教室分子細胞生物学研究室・グローバルCOE研究員を経て,ローザンヌ大学植物分子生物学専攻植物細胞生物学教室・ポスドク。大阪市出身。2008年,京都大学博士(理学)。京都大学での細胞内輸送研究で得られた知識をもとに,モデル植物シロイヌナズナを対象に,分子生物学,細胞生物学,生化学,遺伝学の手法を用いた研究を続けています。現在は,維管束植物に共通するカスパリー線の分化機構,生理学的機能を分子レベルから解明しようとしています。

第2章
増えるための努力と技巧
性と繁殖の戦術

1 モリアオガエルの精子は回転力で前進する

2 花を愛で，生物の「性」を考える

3 無性生殖のシダ植物も交雑したがっている？

4 やわらかな細胞——無性生殖の担い手

コラム②　地上からは見えない多年草の生活史

繁殖するという能力は，生物が持つ最も大きな特徴と言えます。「オス」と「メス」という性が存在するのはそのためです。ここでは，生物に不可欠な生殖という行為に注目します。
　まずは，身近なカエルで発見された，精子の巧みな運動メカニズムを紹介します。次に，野に咲き乱れる可憐な花が性とどうかかわっているかを再考します。そして，性を持たずに増えるシダ植物の特殊な生殖様式に目を向け，最後に，体の分裂と再生によって増殖するプラナリアの秘技に着目します。
　生き物にとって性とは何か。様々なやり方で生殖する生き物を知ることによって，その解明に迫ります。

1 モリアオガエルの精子は回転力で前進する

02 モリアオガエルは日本固有の樹上性のカエルで，樹上に白い卵塊（泡巣）を産みつけます。泡巣という特殊な環境で受精する精子の運動を調べると，高い粘性環境に適応した精子の新しい運動メカニズムが明らかになりました。

奇妙な形の精子

モリアオガエルは，京都周辺では4月下旬から7月中旬にかけて水面上にかかる枝葉に白い卵塊（泡巣）を産みつけます（図1）。これには300～500個の白い卵が含まれ，受精も泡巣のなかで起こります。モリアオガエルの精子は，反時計回りのコルク抜き部とそれにつづくコイル部からなる長さ約17μm（1μmは100万分の1m）の頭部と，その長軸に対して垂直方向に伸びる太い尾からなる変わった形をしています（図2）。このような形の精子は，いったいどうやって前進するのでしょうか。

精子の運動を観察する

この奇妙な精子の前進運動のメカニズムについては，1986年に発表された水平敏知らの論文に記載があります（J Ultrastruct Mol Struct Res 96）。彼らは切断した精巣からしみ出してくる精子の運動を顕微鏡下で観察し，尾が巻き付くことによってその構造中にエネルギーを蓄え，一気に伸ばすことによってエネルギーを放出し，これをくり返すことにより前進すると記しています。私たちも水中の精子の動きをデジタルレコーダーに記録しました。たしかに尾は3周ほど巻いたり伸ばしたりを繰り返しますが，精子は激しく頭部を振りながらじたばたするだけで，ほとんど前進

第2章 増えるための努力と技巧──性と繁殖の戦術

図1：モリアオガエルの産卵
　通常は，1匹の雌に少し小さい雄が数匹包接する。一つの泡巣のなかに300〜500個の白い卵がある。

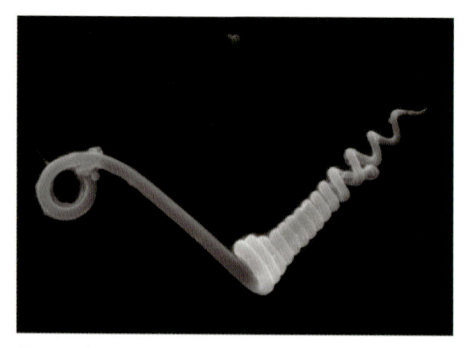

図2：走査型電子顕微鏡写真で見たモリアオガエルの精子
　頭部（右）はコルク抜き状で，尾（左）は頭部の長軸から横方向に伸びている。

1 モリアオガエルの精子は回転力で前進する

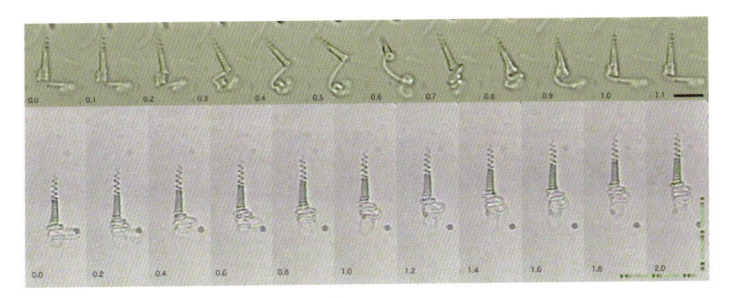

図3：モリアオガエルの精子の運動
（上）水中の精子の運動（0.1秒おき）。約1.1秒の周期で尾を伸ばして巻いたが，精子の位置は変わらない。スケールは10μm。
（下）泡巣中の精子の運動（0.2秒おき）。精子は反時計方向に自転（1秒間に約3回転）しながら直進する。

しません（図3上）。

しかし，精子が実際に動くのは泡巣のなかですから，水中の運動を観察していたのでは本当の運動を見たことになりません。そこで，抱接中のモリアオガエルの雌雄ペアを捕まえて研究室に持ち込み，産卵を待つことにしました。運がよければ数時間で産卵を開始しますが，運が悪ければ2日間ほど徹夜で待たなければなりません。産卵中の泡巣をピンセットでつまんでスライドガラスに載せ，精子をつぶさないようビニールテープをかませてカバーガラスをかけ，顕微鏡で精子の運動を観察しました。

泡巣中での精子の運動は水中とはまったく異なりました。精子の頭部は反時計回りに回転しながら，4〜5μm／秒の一定速度で直進しました（図3下）。運動中，頭部の長さはほとんど変わらず，一見尾部は巻き付くことも解けることもなく，新体操のリボンのようにゆらゆらと揺らめいていました。精子はあたかも宇宙空間をゆっくりと自転しながら直進する宇宙船のようで，はじめて見たときは感動を覚えました。これでようやく精子の本当の運動をとらえることができたのです。

粘性の高い溶液中では回った分だけ前進する

　水中と泡巣中で，なぜ精子の運動がまったく異なるのでしょうか。水中と泡巣中の環境で大きな差があるのは粘度（粘性，ねばりけ）ですから，人工的に粘度を高めた溶液中で精子の運動を観察することにしました。すると，2％ゼラチン溶液中では水中と同様に精子は前進できませんでしたが，3％溶液中では頭部を激しく振りながらも少しずつ前進しました。5％溶液中では頭部を振ることなく，反時計方向に自転しながら直進しました。粘度を調整したメチルセルロース溶液で精子の運動を観察すると，400cps（センチポアズ：粘度を示す単位）の低粘度では3％ゼラチン溶液と同様の運動であり，1500cpsの高粘度では泡巣中や5％ゼラチン溶液と同様に自転しながら直進しました。このように周囲の環境の粘性を高めることで，泡巣中の運動を再現できることがわかりました。

　泡巣中で順調に前進している精子頭部のらせんの一部に注目すると，頭部が回転しているのにらせんは前にも後ろにも動いていないように見えます。理容店の店頭にあるサインポールの赤白青のらせん模様は，回転すると回転方向により上または下に動きます。これと同様に，精子の頭部が反時計方向に回転していたら頭部のらせんは後ろに動くはずですが，回転しているのにらせんが動かないように見えるということは，頭部が1回スピンするとコルク抜き部の1ピッチ分前進することを意味します。つまり，モリアオガエルの精子はスクリューのように水を後ろに送って前進するのではなく，粘性の高い環境中で自転することにより，周囲の液体をほとんど動かさず，木ネジが木材に進入するように前進するのです。こうして，モリアオガエルの精子は高い粘性環境を利用して前進することがわかりました。

尾の巻き付きが精子を回す

　木ネジを回すのはネジ回しですが，精子の頭部を回すのはどのような力でしょうか。精子の構造のなかで運動能力をもつのは尾部です。リボンのように揺らめいている尾部が，いったいどうやって頭部を回しているのでしょうか。それは泡巣中の運動を見ていてもよくわかりません。

　この謎を解く重要な鍵は，5％ゼラチン溶液中の運動に隠されていました。この溶液で，一部の精子は進んだり止まったりしており，頭部は回転したり止まったり，尾は巻き付いたり伸ばしたりを繰り返します。これらの関係を解析することにより，精子の前進／停止，頭部の回転／停止，尾部の巻き付き／解けの関係を対応させることができます。水平らがいうように，精子は尾が伸びる（解ける）ときに放出するエネルギーで進んでいるのでしょうか。結果は水平らの指摘とは逆であり，尾が巻き付くときに頭部が回転し，頭部が回転しているときに精子は前進しました。

粘性抵抗のバランスで頭部が回る

　それでは，尾が巻き付くとなぜ頭部は回転するのでしょうか。これは粘性抵抗のバランスで説明することができます（図4）。立っている人の体を精子の頭部とし，水平に伸ばした右手を尾部と考えてください。空気中で右手を掻いても体は動きませんが，水中で立ち泳ぎをしながら右手を胸に巻き付けるように掻くとどうなるでしょうか。右手は水の大きな粘性抵抗を受け，巻き付く力で体が（足の側から見ると）反時計方向に回ってしまいます。

　このように，粘性抵抗の高い環境では尾の巻き付きの力が精子の頭部を回転させます。尾が解ける（伸びる）ときの動きは水泳でいうと抜き手になりますので，水から受ける粘性抵抗は小さく，頭部を逆回転させることはありません。このような尾の巻き付き

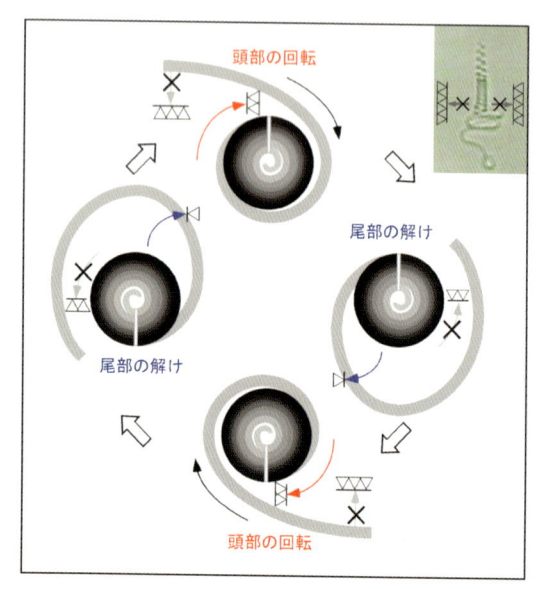

図4：尾の運動が精子の頭部を回すことを示す模式図
　　　頭部の先端側から見ている。△の数は粘性抵抗の大きさを
　　　表す。尾部が巻き付くときに受ける粘性抵抗は頭部の回転
　　　を抑える粘性抵抗よりも大きいので、頭部が回る。

（有効打）と解け（回復打）の運動が尾の付け根付近の何か所か
で短い周期で起こっていれば、頭部は連続回転し、一定の速度で
前進することになります。尾の運動がもっぱら頭部の回転のため
に使われ、回転力で前進するという運動様式はとてもユニーク
であり、粘性の高い環境でのみ実現可能です。モリアオガエルは泡
巣という特殊な環境に適応して精子の形態と運動様式を進化させ
てきたのだと考えられます。

尾が屈曲するのは微小管の滑りによる

ヒトを含む一般の精子の尾のなかには、ストローのような形の微小管（細胞の形を保持する管状の構造）が側面で2本貼りついたダブレット微小管（2連微小管）が円状に9本並び、その円の中心に単独の微小管が2本並んだ、軸糸という構造が存在します（図5）。その構造から、軸糸は「9＋2構造」ともよばれており、ヒトを含む多くの種の精子の尾にはこれが1本だけ存在します。軸糸は尾の付け根にある中心小体（中心粒；中心体を構成する主な構造）から伸びています。

ダブレット微小管の一方の側面には、モータータンパクのダイニンからなる腕が2本付着しています。ダイニンは隣のダブレット微小管を足場にして中心小体のある頭部側に移動しますので、2本のダブレット微小管の間で滑り運動を起こすことができます。

軸糸は非対称な構造のため、各々のダブレット微小管を区別することができ、2本の中心微小管を結ぶ線分の垂直二等分線が交わるダブレットを1番、ダイニンの向いている方向に2〜9の番号がつけられています。ウニの精子やクラミドモナスの鞭毛の研究から、9＋2の軸糸は5＋2と4＋0のように二つのグループに分かれて滑ることが明らかになっています。たとえば、ある時間に4本組のダブレットの端（図5ではダブレット7）のダイニン（赤）が5本組のダブレットに対して精子の頭部方向に滑ると、その前後に滑らない部分があれば滑った部分を変曲点にして尾がS字状に屈曲します。次に5本組のダブレットの端（ダブレット3）のダイニン（青）が4本組のダブレットに対してやはり頭部方向に滑ると、今度は尾が逆S字状に屈曲します。これらの滑りが交互に尾の付け根から後端部に向かって伝播することにより、尾は屈曲の波を付け根から後端に向かって送り出すことになります。一般的な精子では、この屈曲の伝播運動により尾部

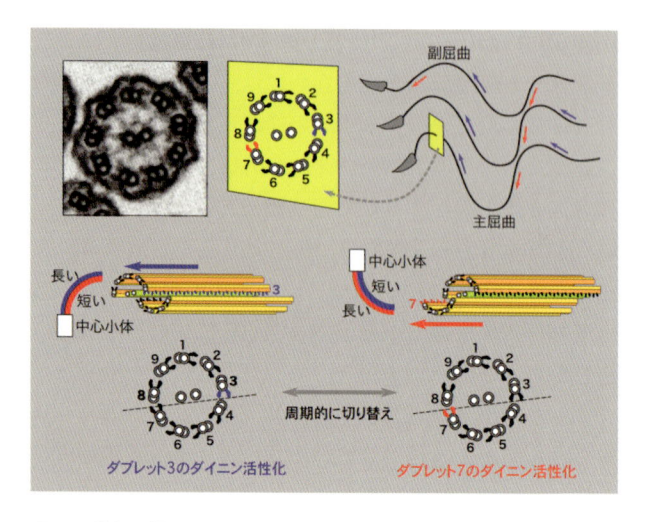

第2章 増えるための努力と技巧――性と繁殖の戦術

図5：軸糸の構造と尾の屈曲との関係を表す模式図
ダブレット3（青）とダブレット7（赤）のダイニンが交互に活性を切り替え，尾の付け根から後端に向かって滑ることで，S字状の屈曲が尾の末端まで伝わる。

が周囲の流体からの粘性抵抗を受け，頭部を押して前進します。

モリアオガエルの精子の尾には2本の軸糸がある

　モリアオガエルの精子の尾の大きな特徴は，軸糸が2本あることです（図6）。通常，精子は中心体を構成する2個の中心小体の片方だけから軸糸を伸ばしますが，モリアオガエルの精子では2個の中心小体のそれぞれから軸糸が伸びているのです。この2本の軸糸は同じ極性をもっており，後でみるように，ダブレット1が常に屈曲の外側になります。もう一つの大きな特徴は，2本の軸糸をとりまく約600本の微小管からなる結晶構造があるこ

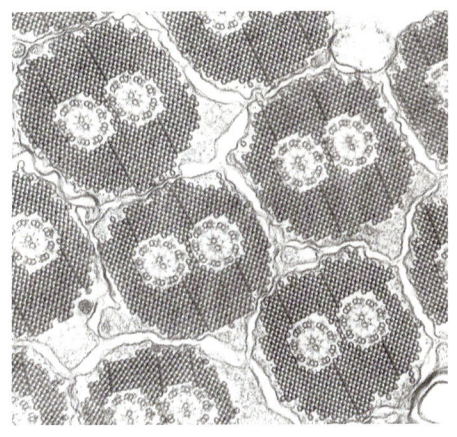

図6 モリアオガエル精子の尾の断面
極性（ダブレットの配列）をそろえた2本の軸糸と約600本の周辺微小管がある。周辺微小管の結晶構造中には数本のヒビ（黒く見える直線）が存在する。

とです。2本の軸糸と多数の微小管によって尾を太くし，屈曲の力と尾の剛性を高めていると考えられます。実際，泡巣を作るアオガエル科の精子には2本の軸糸と多数の周辺微小管をもつものが多く，粘性の高い泡巣で受精する種の精子に共通の特徴と考えられています（本郷・松井，日本動物学会第75回大会，2004）。

モリアオガエル精子の微小管結晶構造の横断面には，いくつかの線状のヒビのような構造がみられます（図6）。多くの精子の尾にはこれが4本あり，結晶構造の連続性がこの線を境にずれています。水平は雑誌『ミクロスコピア』のエッセイ（1986）でこの線を slipping plane とよんでおり，尾部が運動するときに滑っている場所を反映したものである可能性を示唆しています。そこでこれらの位置を解析すると，それぞれの軸糸のダブレット2とダブレット3の間，およびダブレット7の位置に最も多いこ

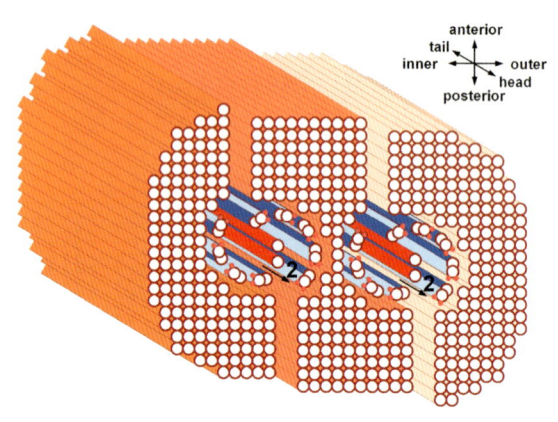

第2章 増えるための努力と技巧——性と繁殖の戦術

図7：尾の滑りの模式図
2本の軸糸でダブレット2のダイニンがダブレット3に沿って滑ると，尾は3層に分かれてずれる。ダブレット6のダイニンがダブレット7に沿って滑ると，ずれが解消される。

とがわかりました。したがって，微小管結晶構造にみられるヒビが軸糸の滑り位置を反映したものであれば，主としてダブレット2のダイニンがダブレット3に沿って，ダブレット6のダイニンがダブレット7に沿って滑り，この2か所の滑りで尾は全体として三つに分かれて動くと考えられます（図7）。

モリアオガエルの精子の運動メカニズム

尾の2か所で滑りが起こると，なぜ巻き付きと解けが起こるのでしょうか。私たちは滑りと屈曲の関係を説明するとき，発泡スチロールの細い棒2本を輪ゴムで束ね，片端（中心小体の位置に相当）を洗濯バサミで挟んだものを使います。片方の棒を洗濯バサミの方向に滑らせると，洗濯バサミと滑らせた部分の間で，滑らせた側が外側になるように屈曲します。両端を洗濯バサミで押

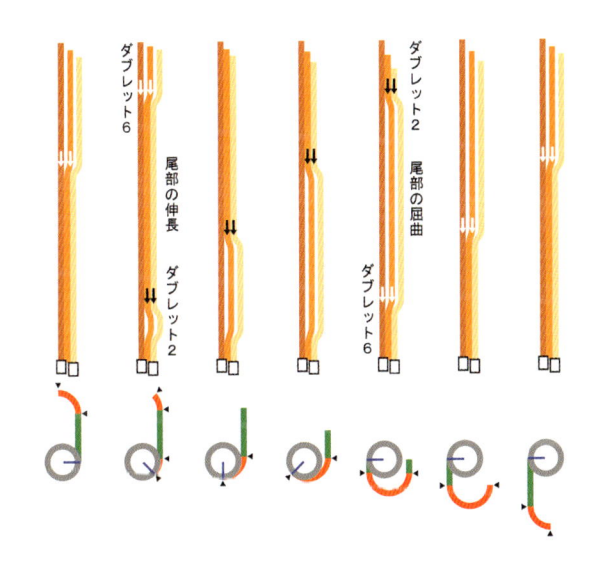

図8:滑りと屈曲との関係を表す模式図

ダブレット2が中心小体(□)の側に滑ると(黒矢印)、滑った側が中心小体との間でだぶつくか(上図)、軸糸が裂けることはないので、実際には長さの差を解消するように滑った側を外側にして屈曲する(下図赤)。次にダブレット6が中心小体の側に滑ると(白矢印)、だぶつきが解消されて尾は伸びる(下図緑)。

さえて真ん中の部分をスライドさせると、全体がS字状に屈曲します。

このモデルをモリアオガエルの精子に当てはめてみましょう。尾には滑る面が二つあると考えられますから、図8のように尾は三つのブロックに分けられます。2本の軸糸内でそれぞれのダブレット2がダブレット3の上を基部(中心小体の方向)に向かって同時に滑ると、中心小体の部分は滑りませんので、滑った部分の後ろ側(頭部側)で二つのブロックがだぶつきます。しかし、実際には軸糸を束ねる構造があり、尾が裂けることはありません

から，だぶつきを解消するようにダブレット2が含まれる側を外にして屈曲が起こります。水中ではこれが長くつづき，尾が3周ほど巻くことになります。次に，2本の軸糸内で同時にダブレット6がダブレット7の上を基部に向かって滑ると，だぶつきが解消されて屈曲が解け，尾は伸びることになります。粘性の高い環境では頭部の長さが変わらないように見えますので，二つのスライドの切り替えが短い周期でつぎつぎと基部から尾端に向けて伝播していると考えられます。このように尾の付け根付近から常に複数の屈曲が伝播していれば，頭部は連続して回転することになります。

まとめると次のようになります。モリアオガエルの精子の尾は2本の軸糸がそれぞれ二つに分かれ，尾全体としては三つに分かれます。粘性の高い環境で，それぞれの軸糸のダブレット2とダブレット6が活性化する部域が交互に尾の付け根から後端に向かって伝わることにより，巻き付きと解けの運動が起こります。これによって頭部が回り，木ネジが木材に入り込むように直進するのです。

おわりに

アオガエル科のカエルは，本州に3種類生息しています。カジカガエルは渓流の石の下に卵を産み，泡巣を作りませんが，その精子は細長く伸びた頭部をもっています。軸糸は1本であり，周辺微小管もありません。シュレーゲルアオガエルはモリアオガエルと同様に泡巣を作り，精子の形もよく似ています。沖縄に生息するシロアゴガエルも泡巣を作りますが，頭部は細長く，鎌状に緩く曲がっています。この精子はモリアオガエルと同様，2本の軸糸と多数の周辺微小管をもっていますが，おもしろいことに2本の軸糸のダブレット1が互いに向きあう形になっており，モリ

アオガエルとは異なるメカニズムで運動していると考えられます。実際，尾は一般の精子のようにS字状に曲がり，鎌形の頭部を押すことで大きならせんを描いて前進します。このように，同じアオガエル科の精子でも形態や運動様式が異なることは，それらが受精環境の影響を受けて進化したことを物語っています。

武藤耕平 Kohei Muto

京都大学大学院理学研究科動物学教室発生ゲノム科学研究室・教務補佐員。千葉県生まれ。理学博士（京都大学）。モリアオガエルの精子の運動は修士論文のテーマ。博士課程ではアオガエル科の精子の構造と運動を研究。

久保田洋 Hiroshi Y. Kubota

京都大学大学院理学研究科動物学教室発生ゲノム科学研究室・准教授。東京都生まれ。1981年，京都大学理学博士。大学院時代から一貫して両生類の初期発生の研究にとりくんできた。受精や卵割，形態形成運動，細胞分化など，広く初期発生の問題を扱っている。自宅の庭でモリアオガエルを殖やしている。

2 花を愛で,生物の「性」を考える

02　私たちは,さまざまな色や形をした美しい花を,庭で育てたり家に飾って楽しんでいますが,花の美しさや多様性はどうして生まれたのでしょうか? じっくり考えてみると,生物の性の不思議さ,おもしろさが見えてきます。

花はなんのために咲くのか?

　子どものころ,花には雄しべと雌しべがあるのだ,と知ったときのことを覚えています。どのような役割をになう器官なのか,どこまで理解していたのかは定かではありませんが,花の主役は美しい花弁ではなく雄しべと雌しべである,ということは当時の私には驚きだったのでしょう。本当にどの花にも雄しべや雌しべがあるのだろうか,と庭の花をむしって調べてみました(疑い深い子どもだったのですね)。すると,外からは雄しべや雌しべの見えないニチニチソウの花にも,奥にちゃんと雌しべと雄しべが隠れていました。変わった花だと思っていたブーゲンビリアも,花弁だと思っていた派手な紫色はよくみると葉っぱのようで,そのなかにちゃんと清楚な白い筒状の花がありました。結局,教科書に書いてあるとおりだったわけですが,それを自分で確かめた感触はまだ手に残っている気がします。しかしそのときは,大人になっても,あいかわらず花をむしって雄しべや雌しべを調べていようとは,もちろん想像すらしていませんでした。

　花は,いうまでもなく,植物の生殖器官です。雄しべの先の葯[やく]には,それぞれに1セットずつの遺伝子が入った無数の花粉が入っています。この花粉が雌しべの先につくと花粉から花粉管が発芽して胚珠に到達し,花粉管の精細胞と胚珠の卵細胞が

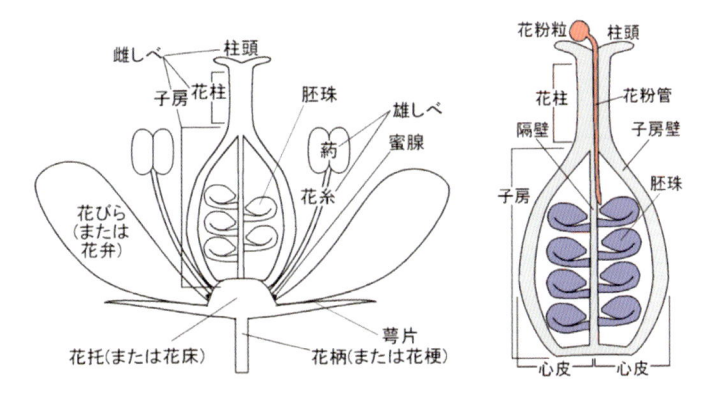

図1：花の受精のしくみ
両性花の構造を模式的に示したもの（左が花全体，右が雌しべ部分）。右では，雌しべの先端の柱頭についた花粉が発芽し（図のピンクの部分），胚珠（図の紫の部分）に向かって伸びている様子が示してある。花粉管が胚珠のなかに入り，そのなかを通って移動する精細胞が胚珠のなかの卵細胞と受精することで次世代の植物が生まれる（福原達人氏提供）。

受精することによって，新しい世代である種子の成長がはじまるのです（図1）。

このように，花の機能というのはどの植物でも一緒ですし，いたってシンプルです。でも，それではなぜ，花の色や形は植物の種類によって違うのでしょうか？　たとえば植物の葉を比べてみると，紡錘形や楕円形のものが多く，色も緑色がほとんどです。これは，光合成という同じ機能を果たすために同じような色・形をしているように思えます。一方，花には赤，白，紫，黄色……などなど，ほとんど思いつく限りの色があり，形もさまざまで，私たちの目を楽しませてくれます。

花が多様な色や形をしている理由の答えの一つは，花粉を花から花へ運ぶしくみにあります。植物は自分で動くことができない

第2章　増えるための努力と技巧——性と繁殖の戦術

■長舌のハナバチ
・青〜赤紫
・深い蜜源
・形は複雑なことも
・蜜は多め

■短舌のハエやアブ
・白っぽい
・浅い蜜源
・形はシンプル
・蜜は濃くて少なめ

■鳥
・赤やピンク
・深い蜜源
・長い筒状
・蜜はとても多い

図2：送粉シンドローム

　花は色や形を変えることでパートナー（送粉者）を選ぶ。送粉が成功するためには，送粉者が同じ種の別の個体の花を訪れてなくてはならない。いろいろな植物の花を訪れる送粉者に花粉を託すより，自分と同じ種の花を選んで訪れてくれる送粉者に託すほうが，送粉の成功の可能性は高くなるだろう。たとえば，細長い筒のなかに蜜を溜め，長い口をもつ動物だけに蜜が吸えるようにすることで，短い口の動物を排除することができる。鳥の目につきやすい赤い花色にすると，鳥によく訪れてもらえるようになり，逆にハナバチなどが訪れることは少なくなる。また夜に咲くと，夜行性の動物ばかり訪れるようになる。このように，色や形，香り，咲く時間などの組み合わせを変えることで，だれに送粉してもらうのかをコントロールすることができる。逆に，同じ動物によって送粉される植物の花は似た性質をもつようになる。このように，送粉者ごとに違う花の性質のまとまりを「送粉シンドローム」とよび，その存在は，植物と送粉者の性質が長い進化の過程で相互作用しながら形作られてきたことを示している。

ので、自分で移動し交配相手を探すことができません。そのかわり、花はきれいな花弁で飾り、蜜などの餌も用意して、昆虫などの花粉を運んでくれる動物（送粉者）をひきつけるわけです。昆虫がひきつけられるものを人間も美しいと思うのはちょっとおもしろいですが、美しい花は、決して人間のためのものではなく、送粉者のためのものなのです。送粉者として働く動物には、鳥、ハチ、アブなど、さまざまなものがあり、色や形の好みは動物によって違います（図2）。また、好みは経験や学習によっても変化します。花粉を運んでもらうにはどうしたらよいか、という問題には「正解」がなく、それぞれの植物がそれぞれの事情を抱えて個性的な答えを出した結果が、今ある花の多様性だといえます。

有性生殖の意義

同じ花の花粉を雌しべにつけ受精を達成すれば、わざわざ花粉を運んでもらわなくてもいいように思いますが、どうして送粉者が必要なのでしょうか。これは「有性生殖のパラドクス」とよばれる生物学の大問題と深く関連した、難しい問題です。人間も含め多くの動物ではオスとメスが交配して子どもを作ります。でも、もしメスが単独でメスを産むことができる動物がいたら、繁殖にオスとメスが必要な動物は増殖速度で負けてしまいそうです。自分の遺伝子をより多く残す性質が進化するのであれば、子どもの遺伝子の半分を他人（オス）に譲るメスより、全部自分の遺伝子をもつ子どもを残すようなメスが進化するように思えます。なぜそうならないのか、いくつかの仮説がありますが、おもに、有性生殖で遺伝子を混ぜあわせることで有利な性質の進化速度をあげる一方、有害な突然変異を効率よく取り除くことができるからだと考えられています。

有性生殖の意義はまだ完全にわかったとはいえないものの、有

性生殖は生物の生き方を大きく規定しています。動物は，天敵や競争相手による危険にさらされながら交配相手を探します。また，ダンスや美しい飾り，歌といったいろいろな求愛の方法を進化させました。もちろん，有性生殖をする必要がなければ，植物が花を咲かせることもありません。有性生殖のために生物が支払っているさまざまなコスト（危険や時間，エネルギーや養分など）は非常に大きいのですが，それこそが生物のおもしろさの源泉であるようにも思えます。「性」というのは，生物学の中心にありつづけるテーマの一つでしょう。

自家受粉の誘惑

　植物に話を戻しましょう。オスとメスがいることが多い動物と違い，7割くらいの植物は一つの花に雄と雌の機能（雄しべと雌しべ）のある両生花をつけます。これには，植物が動けないことが関係しています。運よく花粉を運ぶ動物が1回花を訪れたとき，うまくいけば「花粉を受け取る」という雌機能と「花粉を分散する」という雄機能両方を果たすことができますが，片方の性しかなければ，そのどちらかしか果たすことができません。また，自分のまわりにたくさんの同種他個体がいるとは限らないので，自分と反対の性の個体がいないこともあるかもしれません。すべての個体が雄と雌両方の機能をもっていれば，だれとでも交配できます。

　しかし，一つの個体がオスでもメスでもある両生具有であるということは，条件さえ整えば自分の花粉で受精してしまう「自家受粉」ができることになります。上に述べたように，他個体と遺伝子を交換し混ぜあわせることには大きな利点があると思われるものの，そのためには送粉者が訪れてくれるよう花弁や匂いでアピールし，蜜などのお礼を用意しなくてはなりません。そこまで

図3：ボチョウジ属の異花柱性
異花柱性のあるボチョウジ属では，長い雄しべと短い雄しべの花をつける個体（右，花の先端から雄しべが見える）と短い雄しべと長い雌しべをもつ個体（左，花の先端から雌しべがみえる）が同じ種のなかに存在する。前者をスラム，後者をピンとよぶ。ピンとスラムはオスとメスのように対になって交配する。相補的な形態によって，ピン―スラム間の交配（つまり異なる個体の間の交配）の効率を高め，ピンどうし，スラムどうしの交配（自家受粉を含む）を避けているのです。

しても，必ず来てくれるとは限りませんし，来ても実際に花粉を届けてくれるとは限りません。一方，自家受粉をすれば，ぐっとコスト削減になりますし，確実この上ありません。両生花の植物は，常に「自家受粉」の誘惑にさらされており，実際にほとんど自家受粉で種子を作っている植物も少なくないのです。

私は，パナマのバロ・コロラド島の熱帯雨林に生息するアカネ科ボチョウジ属というグループの21種で，どのような種で自家受粉をするのか調べてみました。ボチョウジ属には，異花柱性とよばれる性質をもっている種があります。同じ種のなかに，雌しべが長く雄しべが短い花をつける個体と，雌しべが短く雄しべが長い花をつける個体が混じっているのです（図3）。異花柱性をもつことにより，花粉交換の効率が上がると考えられています。

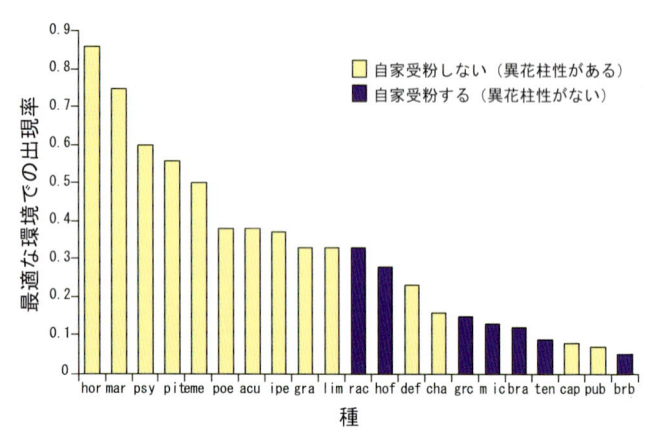

第2章 増えるための努力と技巧——性と繁殖の戦術

図4：自家受粉（異花柱性の喪失）と密度の関係

パナマのバロ・コロラド島とそのそばのソベラニア国立公園で，尾根と谷，開けたところ（林縁など）と暗いところなど異なる条件下にある28m^{2}のプロットを計297個作り，そのなかでのそれぞれの種の有無から出現率を求めた。グラフは，最適な環境（もっとも出現率の高い環境）での出現率を密度の指標として高い順から並べたもの。黄色いバーは異花柱性のある（自家受粉をしない）種，青いバーは異花柱性のない（自家受粉をする）種を示す。青いバーがグラフの右側のほうに偏っているのがわかる。

同じボチョウジ属のなかで，異花柱性のある種は自家受粉はほとんどしませんが，ない種は多くの種子を自家受粉で作っていることがわかりました。系統関係を調べてみると，異花柱性が一度進化したあと，それを再び失って自家受粉をする性質が何度も進化したようです。自家受粉する種（異花柱性のない種）としない種の生息場所や送粉者を比べてみても違いはありませんでしたが，自家受粉する種は生息密度が低いことがわかりました（図4）。

繁殖相手がそばにいる可能性が低い，密度の低い種では，なかなか花粉の交換がうまくいかないので，自家受粉をするという選択肢を選ぶという結果は当然とも思えます。しかし，これは花粉

交換の意義について一つの示唆を与えます。自家受粉は，コストを削減でき確実な繁殖方法だということはすでに述べました。これを裏づけるように，自家受粉をする種はしない種より結実率がずっと高く，蜜や花粉の生産量は少なかったのです。つまり，種子を非常に安上がりに作っているので，同じ大きさの植物が作る種子の量は，自家受粉したほうがずっと多くなるのです。それにもかかわらず，自家受粉する種の密度が低かったということは，自家受粉には，たとえば病気や天敵のような，なにか密度依存的な不利益があるのかもしれません。

　動けないというハンディキャップのある植物ですが，だからこそ，さまざまな繁殖戦略を進化させてきました。その多様さ，巧みさを目の当たりにするたびに，有性生殖というものがいかに高くつくものか，生物にとっていかに重要なものであるのかを，考えさせられるのです。

酒井章子 Shoko Sakai

総合地球環境学研究所・准教授。京都大学生態学研究センター・客員准教授。千葉県鎌ヶ谷市生まれ。1999年，京都大学理学博士。主にボルネオの熱帯林をフィールドに，フェノロジー（生物季節）や花粉授受の仕組みなど，植物の繁殖生態学の研究に取り組んでいる。

3 無性生殖のシダ植物も交雑したがっている？

02 シダ植物では無配生殖という特殊な無性生殖が知られています。シダ植物の無配生殖種は種内の遺伝的多様性を維持するためにさまざまな特殊能力をもっていることが，最近明らかになってきました。私たちは，無配生殖がシダ植物の多様性を生みだす原動力の一つになっていると考えています。

いろいろな生殖様式

　人間をはじめとする多くの生物にはオスとメスのような「性」があり，次世代を残すために有性生殖をしますが，なかには「性」をもたない生物もいます。性をもたずに子孫を残す生物の生殖様式を無性生殖とよびます。無性生殖種では，子どもはその親と遺伝的に同一のクローンになります。

　無性的に増殖する集団では，他のクローンより少しでも適応度の高いクローンが出現すると，そのクローンが集団内に急速に広がり，最終的にすべての個体がそのクローンになります。そのため，無性生殖種の遺伝的多様性は有性生殖種より低いと考えられてきました。集団内の遺伝的多様性が失われると，環境の劇的な変化に対応できず，集団全体が絶滅しやすくなります。そのため無性生殖種はしばしば，いずれ滅びるものという意味をこめて「進化の袋小路」に入った種とよばれています。

　しかし，無性生殖は必ずしもデメリットばかりではありません。たとえば，有性生殖種は交雑する相手を見つけるのにしばしば多大な労力を要しますが，無性生殖種は交雑相手を見つける必要がありません。そのため短期的には，無性生殖種は有性生殖種より

❸ 無性生殖のシダ植物も交雑したがっている？

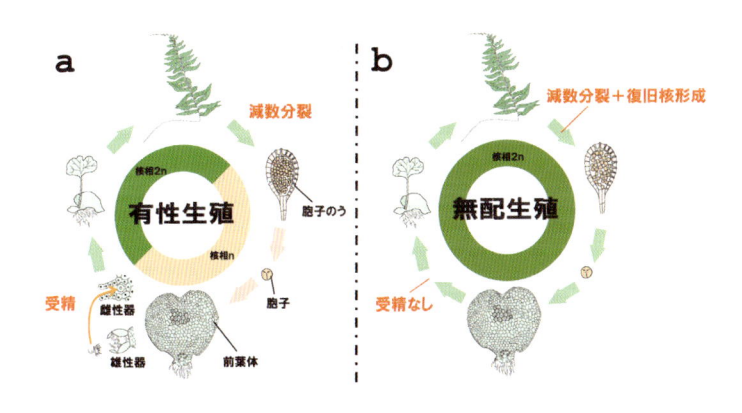

図1：シダ植物の有性生殖と無配生殖の生活環

多くの子孫を残す可能性が高いといえるでしょう。

シダ植物には無配生殖という無性生殖があります。無配生殖と有性生殖では生活環が異なっています。図1はシダ植物の有性生殖と無配生殖の生活環を表しています。有性生殖種では核相$2n$の胞子体上で，通常1個の胞原細胞から4回の体細胞分裂で16個の胞子母細胞ができ，そのそれぞれが減数分裂をおこなうことにより核相nの64個の胞子を形成します。その胞子から前葉体ができ，前葉体上に造卵器または造精器が作られ，その卵と精子が接合し，核相$2n$の次世代胞子体が形成されます（図1a）。それに対して無配生殖では，4回目の体細胞分裂は前期までしか進まず，分裂しかけた細胞が染色体を倍化させた状態で再び核を形成（復旧核形成）し，核相$4n$の8個の胞子母細胞ができます。そのそれぞれが減数分裂をおこなうことにより，核相$2n$の胞子が32個できます。その胞子から作られた前葉体の細胞から直接次世代胞子体が発生します（図1b）。

シダ植物の無配生殖種は他の植物に比べてとくに報告例が多く，

第2章 増えるための努力と技巧——性と繁殖の戦術

図2：シダ植物の無配生殖種が遺伝的・細胞学的多型を生みだすメカニズム

たとえば分類学的研究が進んでいる日本産シダ植物の場合，13％もの種が無配生殖をおこなっています。分子系統学的解析から，シダ植物の無配生殖種はそれぞれの系統で独立に有性生殖種から進化したと考えられています。無配生殖種の親と子どもが単純にクローンの関係にあるならば，冒頭で述べたように集団内の遺伝的多様性は失われるはずです。しかし，最近のアロザイム等を用いた遺伝学的研究により，無配生殖をおこなうヤブソテツ類やベニシダ類において，近縁な有性生殖種と同等か，それ以上の遺伝的多様性が保たれているという意外な事実がわかってきました。遺伝的多様性を維持することができれば，無配生殖種でも環境の劇的な変化に耐えられるでしょうし，新しい種への進化が可能になるかもしれません。では，無配生殖種はどのようにして種内の高い遺伝的多様性を維持しているのでしょうか？

シダ植物の無配生殖種は通常の無配生殖の生活環から外れた生

殖様式をもつことがわかっています（図2）。一つ目は，受精可能な精子を作る能力があることです。そのため，近くに近縁な有性生殖種の配偶体があれば交雑することができます。二つ目は，減数分裂時の不均等な分裂です。シダ植物の無配生殖種の多くは3倍体であり，通常，3倍体の胞子体からは3倍体の胞子ができます。ところが不均等分裂では，3倍体の胞子体から2倍体と1倍体の胞子が生じることがあるのです。この不均等分裂によって生じた胞子には稔性があり，発芽し次世代胞子体を作る能力があることも確かめられています。三つ目は，同祖染色体どうしの組換えです。同祖染色体は，同一祖先に由来し，潜在的に対合する能力をもっている染色体です。3倍体の無配生殖個体には3本の同祖染色体が存在し，これらの同祖染色体どうしが減数分裂のときにまちがって対合してしまうのです。この同祖染色体どうしの組換えによって，親個体とは異なる新しい遺伝子型を作ることができます。たとえば，ある遺伝子座において abc の遺伝子型をもつ無配生殖個体からは，通常の無配生殖の生活環では abc の遺伝子型をもつ子孫が生まれます。ところが同祖染色体どうしの対合が起こった場合は，$aab, aac, abb, acc, bbc, bcc$ といった遺伝子型をもつ子孫が生まれます。

私たちは，このように通常の無配生殖の生活環から外れた生殖様式が，シダ植物の無配生殖種の遺伝的多様性を維持しているのではないかと考えています。では，この生殖様式は野外集団で実際に機能しているのでしょうか？　ここではマレーシアのキナバル山でマレーホウビシダの形態的・細胞学的多型集団の解析を紹介します。

図3：調査地のマレーシア・キナバル山

キナバル山で見つかった謎のシダ植物

　東南アジアの最高峰キナバル山（標高4095m）はマレーシアのカリマンタン島北部に位置し，裾野から中腹にかけて照葉樹が優先する自然林が広がっています（図3）。2004年にキナバル山の中腹，標高1500〜1900mの森で，これまで報告例のない形態形質をもつホウビシダ属（*Hymenasplenium*）のシダ植物が見つかりました。キナバル山のシダ植物についてはすでに詳しく調べられており，ホウビシダ属ではマレーホウビシダ（*H. unilaterale sensu lato*），ウスイロホウビシダ（*H. subnormale*），ウスバクジャク（*H. cheilosorum*），ヤクシマホウビシダ（*H. filipes*）の4種が報告されていました。しかし，新しく見つかったシダ植物はそれらのいずれの種とも形態形質が異なり，キナバル山では報告例のないラハオシダ（*H. excisum*）という種に似ていました。

　そこで，どの種に近縁であるかをDNA情報を用いて調べてみることにしました。ホウビシダ属が属するチャセンシダ科はすでに多くの種のDNA情報が明らかにされており，そのデータベー

❸ 無性生殖のシダ植物も交雑したがっている？

```
┌─ コタニワタリ
│  ┌─ ヒメワタリ(日本)
│  ├─ ホウビシダ(日本)
│  ├─ ナンゴクホウビシダ(日本)
├──┤75 タイワンラハオシダ(タイ)
│  ├─ ホウビシダ?(ベトナム)
│  └─ ウスイロホウビシダ(キナバル)
│     ┌─ ミドリラハオシダ(中国)     ┐
│     ├─ ラハオシダ(中国)            │
│  100├─ ラハオシダ(ベトナム)        │ ラ
├────┤  ├─ ラハオシダ(スマトラ島)    │ ハ
│    81├─ ラハオシダ(マダガスカル)   │ オ
│     └─ ミドリラハオシダ(中国)      │ シ
│                                    │ ダ
├─ ウスイロホウビシダモドキ(中国)   ┘ 類
│     ┌─ ウスバクジャク(日本)
│   95├─ インタノンウスバクジャク(タイ)
│     ├─ ヤクシマホウビシダ(日本)
│   68├─ ヤクシマホウビシダ(台湾)
├────┤87└─ ヤクシマホウビシダ(キナバル)
│   85├─ ヤクシマホウビシダモドキ(中国)
│     ├─ ヤクシマホウビシダモドキ(ハワイ)
│     └─ H. unilaterale (レユニオン)
│     ┌─ マレーホウビシダ(タイ)         ┐
│     ├─ マレーホウビシダ(セラム島)     │
│     ├─ マレーホウビシダ(ロンボク島)   │ マ
│     ├─ マレーホウビシダ(スマトラ島)   │ レ
│     ├─ マレーホウビシダ(マレー半島)   │ ー
├────┤  ├─ マレーホウビシダ(ジャワ島)  │ ホ
│  100├─ マレーホウビシダ(キナバル)    │ ウ
│     ├─ 謎のHymenasplenium(キナバル)  │ ビ
│     ├─ マレーホウビシダ(マダガスカル) │ シ
│     └─ 謎のHymenasplenium(キナバル)  │ ダ
│                                       │ 類
│     ┌─ H. obtusifolium              ┘
│   89├─ H. riparium
└────┤68└─ H. volubile
    71├─ H. hoffmannti
      ├─100┐ H. laetum
      └─77┤ H. purpurence
         └─ H. ortegae
```

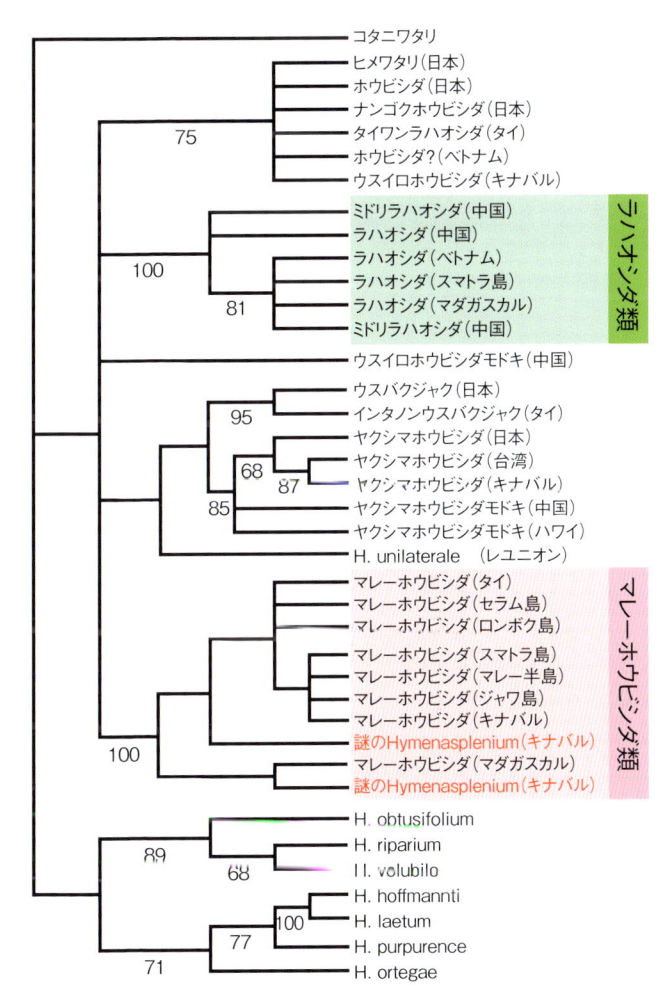

図4：ホウビシダ属の葉緑体 *rbc*L 遺伝子にもとづく分子系統樹

スと目的の植物の DNA を照らしあわせることによって，どの種に近縁であるかをすぐに調べることできます。図4は，葉緑体上

図5：キナバル山のマレーホウビシダ（左：標準型，右：大型）

の *rbc*L 遺伝子の塩基配列約 1300 塩基を用いて構築した分子系統樹です。分子系統解析の結果，キナバル山で見つかった謎のシダ植物はラハオシダではなく，マレーホウビシダに近縁であることがわかりました。マレーホウビシダは東南アジアを中心とする旧熱帯地域に広く分布しており，標準的な葉型をもつマレーホウビシダはキナバル山にも生育しています。今回見つかったのもじつはマレーホウビシダで，標準的なマレーホウビシダより大型の葉をもっていることがわかりました（図5）。

次に私たちは，この新しく見つかった大型のマレーホウビシダと標準型のマレーホウビシダの関係を，細胞学的形質と遺伝学的形質を調べることにより明らかにしようと考えました。

有性生殖能をもつ無配生殖型マレーホウビシダ

マレーホウビシダでは有性生殖と無配生殖の二つの生殖様式が知られており，無配生殖種が広く分布していることが報告されていました。そこでまず，キナバル国立公園内のマレーホウビシダ類について，それらの生殖様式を調べることにしました。

シダ植物では，胞子嚢当たりの胞子数が有性生殖種は64個であるのに対し，無配生殖種は32個になります。つまり，胞子嚢当たりの胞子数を数えることによって生殖様式を推定でき，実体

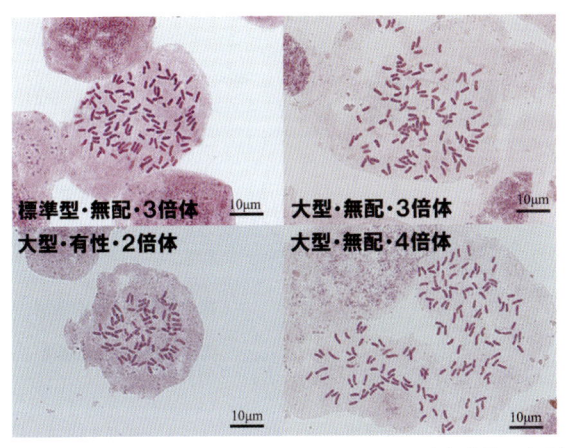

3 無性生殖のシダ植物も交雑したがっている？

図G：キナバル産マレーホウビシダにみられる染色体数の多型

顕微鏡があれば現地で調べることができます。キナバル産のマレーホウビシダの生殖様式を調べた結果、標準的なマレーホウビシダが無配生殖であったのに対し、大型のマレーホウビシダには有性生殖と無配生殖の2種類が含まれていました。それぞれのタイプの染色体数を調べてみると、標準型の葉で無配生殖をする個体は$2n = 117$の3倍体であり、大型の葉で有性生殖をする個体は$2n = 78$の2倍体、大型の葉で無配生殖をする個体では$2n = 117$の3倍体と$2n = 155$の4倍体という2種類の倍数性が見つかりました（図6）。つまり、キナバル山には形態と細胞学的形質で区別できるタイプが少なくとも四つあることになります。シダ植物で、2km四方ほどの狭い地域に同一種の複数のタイプが生育しているのは非常に珍しいことです。

各タイプの生育環境の比較をおこなったところ、大型の葉をもつ2倍体有性生殖型と3倍体無配生殖型は川から離れた林道沿いのやや乾燥した場所に同所的に生育していたのに対し、大型の

第2章 増えるための努力と技巧——性と繁殖の戦術

図7：キナバル産マレーホウビシダの形態形質・細胞学的形質の多型と生育環境

葉をもつ4倍体無配生殖型は林床の川沿いに，標準型の葉をもつ3倍体無配生殖型は林冠が開けた川沿いに生育していました。さらに，同所的に生育していた大型の葉をもつ2倍体有性生殖型と3倍体無配生殖型の個体別マッピングをおこない，生育環境の差異を比較したところ，3倍体無配生殖型は2倍体有性生殖型よりも林冠が開けて明るく，やや乾燥した場所に生育していました。つまり，四つのタイプの生育環境はそれぞれに異なっていたのです（図7）。

次に，四つのタイプ間の遺伝的関係を調べることにしました。各タイプ間の関係は，核由来の複数の遺伝子座の対立遺伝子を調べることによって明らかにできます。また，シダ植物の葉緑体は母性遺伝することが知られているため，葉緑体上の遺伝子を調べれば，その個体の母方を明らかにすることができます。

これらの遺伝マーカーを用いてタイプ間の遺伝的構成を比較し

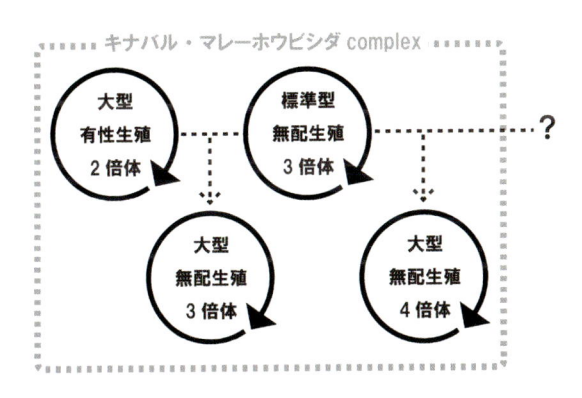

3 無性生殖のシダ植物も交雑したがっている？

図8：キナバル産マレーホウビシダの四つのタイプと遺伝的関係

たところ、大型の葉をもつ3倍体無配生殖個体の一部が標準型の葉をもつ3倍体無配生殖個体と大型の葉をもつ2倍体有性生殖個体の雑種起源であり、さらにこれらの一部は葉緑体DNAが3倍体無配生殖型と同じであることから、3倍体無配生殖個体が母親である可能性が示されました。無配生殖種に母親としての能力があることは、これまでまったく報告されていません。無配生殖種に受精可能な卵を作る能力が備わっていれば、無配生殖個体間や他の有性生殖種との交雑によって集団に遺伝的多様性を持ち込むことが可能になります。また、大型の葉をもつ4倍体無配生殖種は他のタイプにはみられない特異的な対立遺伝子をもっており、母親が3倍体無配生殖型であることはわかりましたが、父親は判明しませんでした。私たちは現在、4倍体無配生殖型の父親について、キナバル山に生育する近縁種のウスイロホウビシダ、ウスバクジャク、ヤクシマホウビシダを含めて探索をおこなっています。

マレーホウビシダの無配生殖型は，少しずつ異なる生育環境で生育する複数のタイプが非常に狭い地域内で維持されており，それらの多型の一部は無配生殖型と有性生殖型との交雑によって生じたものであることが明らかになりました（図8）。通常，有性生殖種では，新しくできた遺伝子型は遺伝的浮動（集団の遺伝子頻度が世代間で偶然的に変動すること）などによって一定の確率で集団から取り除かれてしまいます。しかし，シダ植物の無配生殖種では，まれな有性生殖によって生まれた新しい遺伝子型も，それらの個体が無配生殖をすれば維持されます。場合によっては，有性生殖種より無配生殖種のほうが，多型が維持されやすいのかもしれません。

新たな無配生殖のかたち

　シダ植物の無配生殖は無性生殖の一種だと長らく考えられてきました。しかし私たちは，シダ植物の無配生殖はこれまで考えられていたような単純な無性生殖ではなく，有性生殖等の遺伝的多型を生みだす能力と，子孫を大量に残せる無性生殖の能力の，両方を兼ね備えた生殖様式ではないかと考えています。今後，有性生殖能以外の遺伝的多型を生じる機構（減数分裂時の不均等分裂や同祖染色体対合）などが無配生殖型マレーホウビシダの自然集団で機能しているかを調べるとともに，他の分類群における無配生殖の多型を生みだす機構についても解析を進め，シダ植物の無配生殖の全貌を明らかにしていきたいと考えています。

❸ 無性生殖のシダ植物も交雑したがっている？

篠原　渉 Wataru Shinohara

京都大学大学院理学研究科グローバルCOE特別講座・助教を経て，香川大学教育学部生物学教室・講師。千葉県出身。2004年，京都大学理学博士。シダ植物と屋久島の高山性ミニチュア植物を対象に，種多様性，種分化および適応進化の研究をおこなっている。

4 やわらかな細胞
―― 無性生殖の担い手

02

私たちのまわりには、体の一部から個体を再生する「無性生殖」によって繁殖する動物が意外にたくさんいます。このような動物の体には、さまざまな組織になることができる特別な細胞があり、プラナリアのもつ驚くべき再生能力（無性生殖）もこの特別な細胞に支えられています。ここではプラナリアの再生を支える細胞について紹介します。

体の一部から増える動物たち

　私たちヒトを含む脊椎動物は、オスとメスの生殖細胞、精子と卵が受精することによって新たな生命を産み出す、いわゆる有性生殖によって繁殖します。有性生殖によって生まれた子は、父方、母方のそれぞれのゲノムに由来する新たなゲノムの組み合わせを獲得します。有性生殖のもたらす多様なゲノムの組み合わせ、いいかえれば、遺伝的な多様性の獲得は、種の進化やさまざまな環境要因の変化への適応に有利であると考えられています。

　脊椎動物以外の動物は、背骨をもたない無脊椎動物です。節足動物（ハエなど）や線形動物（線虫など）などの脱皮動物に分類される無脊椎動物は、脊椎動物と同様、有性生殖だけで増殖します。一方で、他の多くの動物門（図1の赤）では、有性生殖とともに、植物同様、生殖細胞を用いない方法で個体を増殖させる種がみられます。脊椎動物であるイモリは再生能力が高く、腕や尾を切ってもまた生えてきますが、切った腕から個体が再生することはありません。しかしながら、たとえば脊椎動物に近い尾索動物門に属するミサキマメイタボヤやミダレキクイタボヤといった群体ボヤは、体の一部が焼いたお餅のように外側に突出し、親個

4 やわらかな細胞

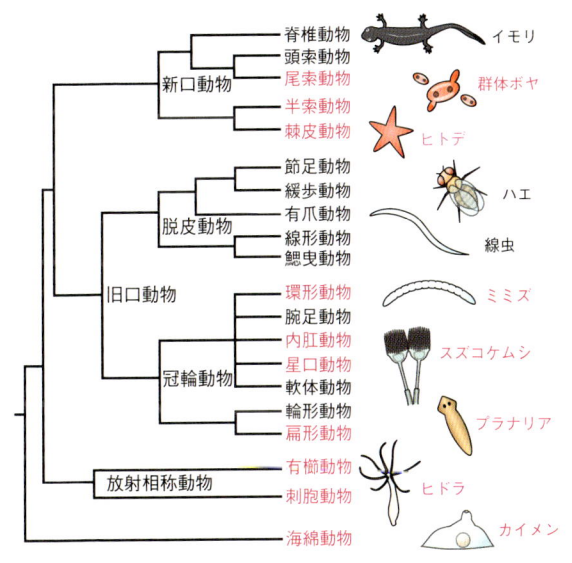

図1：動物界における無性生殖の広がり
多くの動物門（赤）で無性生殖をおこなう種がみられる。

体からくびれるように切れて、体の一部が再生し新たな個体となります。刺胞動物であるヒドラも、体の一部を突出させる「出芽」という方法で新たな個体を産生します。また、ヤマトヒメミミズ（環形動物）やプラナリア（扁形動物）は、個体が成長してある程度の大きさになると、みずからバラバラに切れて再生する「自切」とよばれる現象を見せます。カワカイメン（海綿動物）は、体内に作った「芽球」とよばれる構造体から個体を形成します。

　これらの、個体の一部から新たな個体を産み出す方法は、生殖細胞を介さないことから無性生殖とよばれています。われわれ脊椎動物で同一のゲノム情報をもつのは、一卵性の兄弟姉妹と、ヒツジのドリーのような人為的に作出されたクローン動物だけですが、無性生殖によって生まれた次世代は、親個体と同じゲノム情

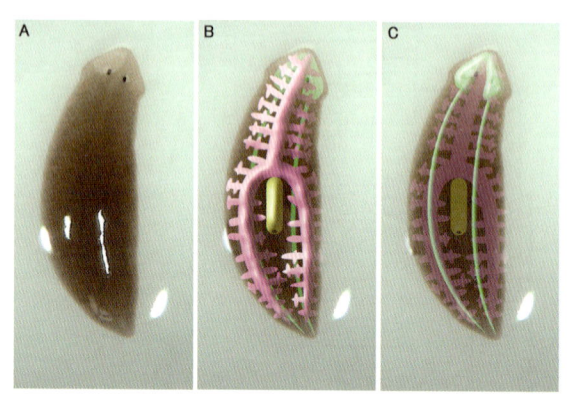

図2：プラナリアの体制
　　（A）背側。頭部に一対の眼がある。（B）体の内部のイメージ図。体中に腸管が発達し，中央部に咽頭がある。（C）体の内部の腹側のイメージ図。頭部に脳があり，そこから体幹部に1対の腹側神経が伸びる。

報をもつクローンです。多くの無脊椎動物が無性生殖によってクローナルに増殖し，個体群を維持しているわけですが，これらの動物はどうやって無性生殖とそれにともなう再生現象をおこなっているのでしょうか。私は，無性生殖や再生現象のモデル動物として扁形動物のプラナリアを用い，「幹細胞」というキーワードからアプローチしています。

プラナリアって？

　プラナリアの一種，ナミウズムシ（*Dugesia japonica*）は，日本のきれいな小川や池などに生息しています。体長は1cm～2cmほどで，頭部には光を感じる一対の眼があります（図2A）。体の中央には咽頭とよばれる筒状の筋肉組織があり，口と肛門を兼ねています。栄養を運ぶのは，体中に発達した腸管です（図2B）。頭部の腹側には脳が存在し，そこから一対の腹側神経が伸

❹ やわらかな細胞

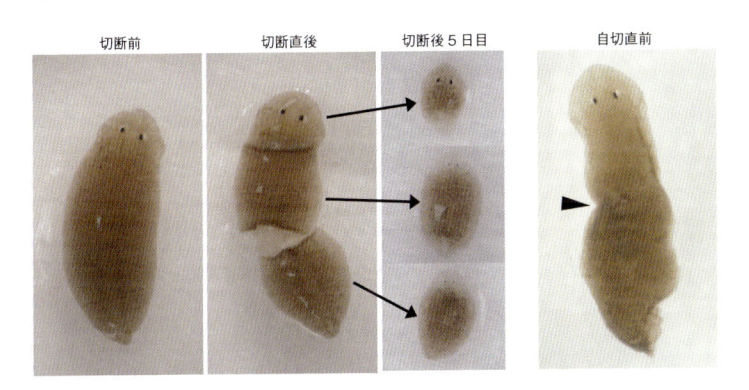

図3：切断, または自切による再生
(左) プラナリアの再生 (無性生殖)。切断後5日目には各断片で眼の再生等が観察される。(右) 自切の際は咽頭の前後どちらかにくびれが生じる (矢尻)。

びて, さまざまな行動を制御しています (図2C)。このように, プラナリアは簡単ではあるものの, きちんと組織化された体制をもっています。

　さて, 1匹のプラナリアをメスで三つに切断します (図3左)。頭の断片には咽頭と尾が, 中央の断片には頭と尾が, 尾の断片には頭と咽頭がありません。これらの断片は速やかに傷口を修復し, 再生を開始します。5〜7日目には, 頭部断片に咽頭と尾, 胴部断片に頭と尾, そして尾部断片に頭と咽頭がきちんと再生され, 3匹の完全なプラナリアに成長します。つまり, 1匹から3匹へと無性的に増殖したのです。メスによる切断は人為的な増殖ですが, さきほどもふれたように, 自然界ではみずから分裂する自切によって増殖します。餌を食べてある程度大きくなったプラナリアは, 咽頭の前後でくびれ (図3右), 自切して2匹に増殖します。私たちが実験に用いているプラナリアは, 20年以上前に岐阜県で捕獲された1匹から自切によって無性生殖しているもので, 常

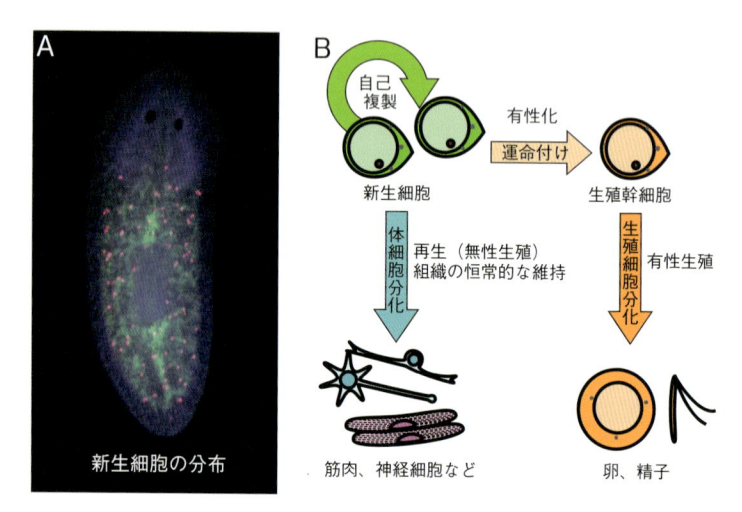

第2章 増えるための努力と技巧──性と繁殖の戦術

図4：プラナリアの全能性幹細胞
(A) 新生細胞の分布。眼より後方に多くの新生細胞（緑）が存在している。新生細胞は常に分裂している（M期の細胞：赤）。
(B) 新生細胞の分化能。新生細胞はすべての体細胞と生殖細胞に分化できる。

に数万匹飼育されています。このような旺盛で驚くべき再生能力を支えている特別な細胞が「幹細胞」なのです。

何にでもなれる──分化全能性

　プラナリアの表皮と腸管の間には間充織とよばれるスペースがあり，中胚葉性の細胞が充満しています。そのうち，頭部より後方の間充織に広く分布している「新生細胞」とよばれるものが，プラナリアの幹細胞です（図4Aの緑）。プラナリアの体では新生細胞だけが細胞分裂できます（図4Aの赤）。新生細胞は比較的小型で，筋肉細胞の筋繊維や神経細胞の小胞など，完全に分化した細胞にみられる特異的な構造をもたない，つまり特徴のないことを特徴とする「未分化細胞」です（図5）。放射線やX線を

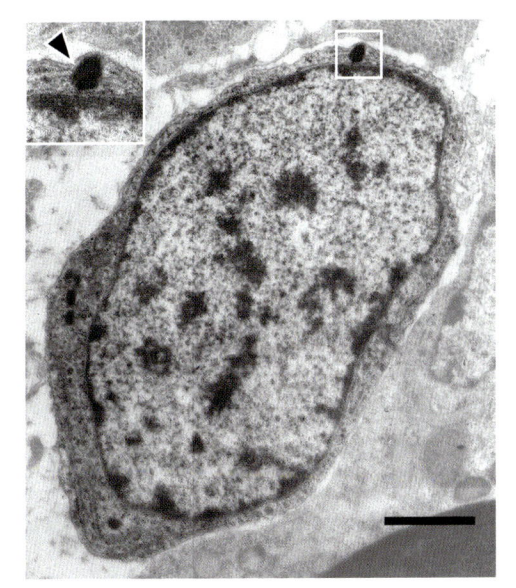

図5：新生細胞の電子顕微鏡写真
四角内にクロマトイド小体がみられる（矢尻）。スケールバーは1μm。

照射して新生細胞だけを除去すると，プラナリアは再生能力を失います。そのプラナリアに新生細胞を移植すると，再生能力が復活します。このことから，新生細胞がプラナリアの再生能力を支えていることがわかります。

　幹細胞は，文字どおり「幹」になる細胞です。幹細胞は細胞分裂によって幹細胞自身を産み出す一方，さまざまな細胞に分化します。ヒトの体には，血球系，筋肉系，神経系といった特定の細胞種にのみ分化する，つまり，限定された分化能力をもつ組織幹細胞が存在し，各組織の恒常性を維持しています。精子と卵は生殖幹細胞から分化し，体細胞系列とは厳密に区別されています。一方，プラナリアでは，再生や組織の維持に必要なすべての体細

胞が新生細胞から分化します。さらに有性生殖をおこなうときは，生殖細胞にも分化できるのです（図4B）。このような，生殖細胞を含むすべての細胞種になれる幹細胞を「分化全（多）能性幹細胞」とよびます。われわれ哺乳類では，ES細胞，iPS細胞などの人為的に確立された培養細胞と，胚発生過程のごく初期に現れる細胞だけが分化全能性を示します。ヒトがこれらの細胞をコントロールするのはたいへん難しく，さまざまな工夫が必要です。驚くべきことに，プラナリアでは成体の全細胞の約30％が全能性を有する新生細胞であり，これを自在に操って個体の増殖や維持をおこなっています。

全能性を支える遺伝子群

　プラナリアの新生細胞は，どのように分化全能性を維持し，発揮しているのでしょうか。さきほども述べたように，新生細胞は特徴をもたない未分化細胞ですが，唯一の形態的特徴として，クロマトイド小体とよばれる膜に覆われない中電子密度の顆粒構造体を細胞質にもつことが，電子顕微鏡による観察で知られていました（図5）。脊椎動物や脱皮動物の生殖細胞で特異的に観察される，生殖顆粒とよばれる構造体と形態が酷似していることから，私たちは生殖顆粒の構成タンパク質と同様のタンパク質がクロマトイド小体の構成成分ではないかと仮定し，その遺伝子探索をおこないました。その結果，新生細胞で発現している遺伝子として，ショウジョウバエやマウスの生殖顆粒の構成タンパク質の一つであるVasaに類似したDjvlgA遺伝子（*Dugesia japonica vasa-like A*）を単離することに成功しました。

　その後，プラナリア遺伝子データベースの確立や，新生細胞特異的遺伝子の網羅的解析によって，新生細胞で特異的または優位に発現している100種類以上の遺伝子を同定することができま

4 やわらかな細胞

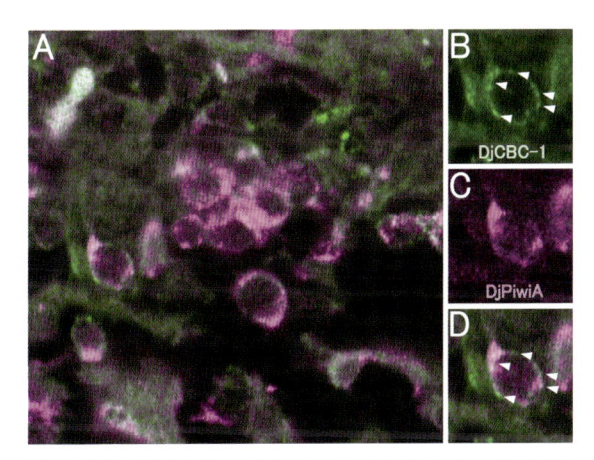

図6：新生細胞における DjPiwiA, DjCBC-1 タンパク質の局在

(A) DjPiwiA（赤）と DjCBC-1（緑）。(B) クロマトイド小体（矢尻）に DjCBC-1 の局在がみられる。(C) 細胞質に DjPiwiA の局在がみられる。(D) B と C をあわせた写真。

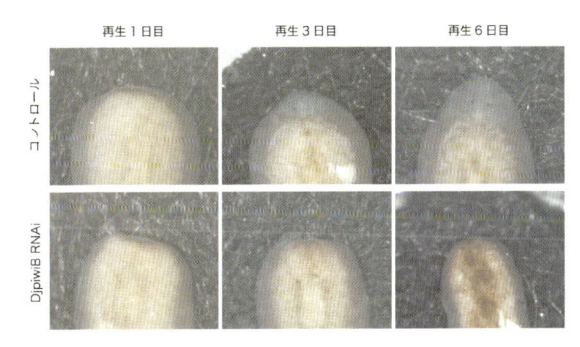

図7：*DjpiwiB* 遺伝子を RNA 干渉法で機能阻害したプラナリアにおける再生

コントロール個体では再生しているが，機能阻害個体では再生しないのがわかる。

した。これらの遺伝子を分類してみると，RNA 結合タンパク質が多く，そのうち 26％が *Vasa* や *Piwi*，*Tudor* といった生殖細胞特異的遺伝子であることがわかりました。たとえば，*Piwi* ファミリー遺伝子に属する DjPiwiA タンパク質は，新生細胞の細胞質に特異的に局在します。また，ショウジョウバエにおいて mRNA を生殖顆粒へ運ぶのに重要なはたらきをする Me31B と相同の，プラナリア DjCBC-1 タンパク質はクロマトイド小体で観察されます（図 6）。これら，体性幹細胞である新生細胞で発現している生殖細胞特異的遺伝子のタンパク質の機能を RNA 干渉法で阻害すると，さまざまな再生異常が観察され，たとえば，DjPiwiB の機能を阻害されたプラナリアはまったく再生しなくなりました（図 7）。また，Djvas-1 や Djcbc-1，Djbruli などの機能を阻害した場合も，再生能力が一部または完全に失われることがわかりました。機能阻害プラナリアの新生細胞の挙動を詳しく観察すると，新生細胞が維持されずになくなってしまったり，新生細胞が分化細胞を正しく生み出せなくなったりしていることが，再生異常の原因であるとわかりました。これらの結果は，新生細胞の全能性の制御と維持に生殖細胞特異的遺伝子が重要な役割を果たしていることを示唆しています。最近では，海綿動物，刺胞動物，環形動物，棘皮動物などの分化全能性または多能性の幹細胞においても，生殖細胞特異的遺伝子が発現していると報告されています。これは，自然界に存在する分化全能性の分子機構が普遍的であることを示唆しています。

　脊椎動物や脱皮動物などの有性生殖だけをおこなう生物では，次世代を産み出す能力のある生殖細胞だけが全能性を有していると考えられます。無性生殖をおこなう無脊椎動物にみられる分化全能性の体性幹細胞と生殖細胞が，共通の遺伝子セットによって制御・維持されているのは非常に興味深いことです。今後，iPS

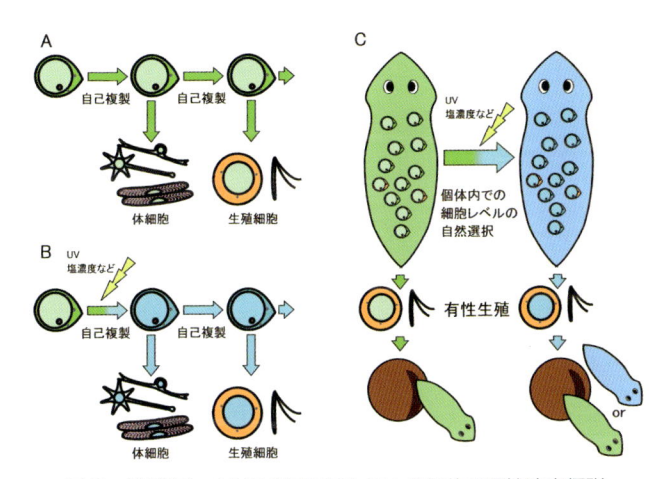

図8：幹細胞レベルでの変異挿入による個体の環境適応仮説
(A) 新生細胞は自己複製をおこないながら生殖細胞を含むすべての細胞に分化する。(B) 外環境の変化によって新生細胞に変異が起こり、その後産み出される細胞はその変異を受け継ぐ。(C) 新生細胞レベルで新しい環境に適応できる細胞が選択されることで、その個体は適応能力をもつようになり、その次世代は1世代で新しい適応能力を獲得できるようになり、次の世代に受け継がれる。

細胞やES細胞などの分化全能性幹細胞と新生細胞との遺伝子セットの相違点が明らかになれば、動物界における細胞の分化全能性の普遍的な分子的背景を包括的に理解することも不可能ではないと思われます。

おわりに

一般に、遺伝的な多様性を産み出す有性生殖は環境に適応しやすく、無性生殖によって増殖する生物は遺伝的多様性がないクローンなので環境の変化に弱いと考えられています。無性生殖は本当に不利なのでしょうか。私たちは、細胞レベルで見ると無性生

殖が環境への適応に有利にはたらくこともあるのではないかと考え，以下のような実験をしています。

　プラナリアは，新生細胞が自己複製するとともに生殖細胞を含むすべての細胞を産み出すことによって無性生殖します。紫外線量や塩濃度などの外環境が変化し，新生細胞にこの変化に耐えうる変異が起きれば，その耐性は分化細胞や生殖細胞にも受け継がれます（図8）。さらに個体内の新生細胞レベルで自然選択が起きれば，適応した新生細胞が多数を占めると考えることができます。このような個体から無性生殖や有性生殖で生じた次世代は，変化した環境に適応する能力をもっていると期待されます。通常，有性生殖によって生まれる次世代の環境適応能力は確率論的であり，数世代を経ないと適応できないと考えられますが，幹細胞レベルでの選択を経た生物では，環境に適応できる個体を1世代で産み出す可能性があるのではないか，と仮定できるのです。そこで現在は，中程度のX線によって遺伝子の変異を促し，薬剤を用いて個体を選択する実験をおこなっています。普通は薬剤によって死滅するのですが，X線を照射した個体では生き残るものが現れています。これらの個体の遺伝子情報を解析し，私たちの仮説が実際に起こりうるかどうか，詳細に調べる予定です。

　幹細胞，とくに分化全能性の幹細胞は，どんな細胞にでも分化できるやわらかさをもっています。一方で，その何にでもなれる能力は，適切な場所で，適切なときに，適切な細胞に分化するという厳密な調節が，幹細胞と周囲の体内環境との間でなされることによって発揮されます。このような細胞なので一筋縄ではいきませんが，幹細胞のようにやわらかな発想で，手堅く研究を進めていければと思っています。

❹ やわらかな細胞

柴田典人 Norito Shibata

京都大学大学院理学研究科生物物理学教室再生生物学特別講座・特定准教授。滋賀県出身。1999年，姫路工業大学（現兵庫県立大学）大学院理学研究科博士（理学）。分化全能性幹細胞の維持・制御機構を，プラナリアを用いて細胞・遺伝子レベルで研究している。

Column
コラム②

地上からは見えない多年草の生活史

　植物は地上に葉を広げたり花を咲かせ，地下に根を伸ばしたり養分を蓄えたりします。普段地上から見ても地中での様子はわからないのですが，地面を掘ると様々な植物達の地下での活動を覗くことができます。私は，そんな土堀り調査の醍醐味について紹介したいと思います。

　一つ目の植物はカタクリです。カタクリは多年生なのですが，早春にのみ地上に葉を開き，残りの期間は地下にある鱗茎として過ごします。そのため，春以外の時期にその様子を観察するには，穴を掘って鱗茎を掘り起こさなくてはなりません。ところが，鱗茎は地下のかなり深い所（20〜30cm）にあるので，上から掘っていてもなかなか姿が見えてきません。ここでやけを起こして，勢いよくシャベルを入れようものなら，鱗茎の頭を欠いてしまいます。慎重に掘り進めないといけません。そして，やっと鱗茎の姿が見えたと思っても，底に到達するまでさらに忍耐強く掘っていくのです。数cmの鱗茎1個を掘り起こすために，深さ数十cmの穴を掘る必要があるのです。

　こうして，鱗茎内のさまざまな糖類の季節変化を調べました。地中にいる期間の鱗茎は，貯蔵養分として貯めているデンプンを少しずつ使って呼吸しながら，秋ごろから翌年の芽を形成していくことがわかりました。結果的に数百という個体を掘り起こした

図1：北海道中札内村のスズラン畑（6月）

のですが，その陰には途中で傷つけてしまった鱗茎たちが数知れず……今も元気に生きてくれていることを祈っています。

　次に対象としたのは，地下茎のクローン成長によって新たな株を生産するスズランでした。地下茎によってつながっている株どうしは，まったく同一の遺伝子をもっているので，同じ個体の一部ということになります。一面のスズラン畑（図1）のなかで，どこまでが同じ個体なのか知りたいと思いました。カタクリでの経験から穴掘りにはちょっと自信があったので，掘って確かめることにしました。しかし，ある地下茎を追いかけていくと別の連結にぶつかり，地下部はまるで迷路のようです。しかも，古い地下茎は朽ちて切れやすくなっているので，乱暴に掘ると連結を切ってしまいます……。そんなわけで，シャベルを使うこともできず，手か刷毛でちょっとずつ土をよけて掘り進めていかなければ

図2：野外で植物を掘っているときの様子

なりません。まるで遺跡の発掘（!?）のように取り組みました。

「どこまでが同じ個体か？」という疑問は，結局，遺伝マーカーというツールによって解決したのですが，同一のクローンのなかで「どの株からどの株が作られたのか」という株どうしの関係は，やはり掘って，つながりを見ないことにはわかりません。これを知りたいという思いで掘った面積は，おおよそ20m^{2}にもなりました！そして，たくさん掘っているうちに，最初は切断してしまっていた連結を切らずに掘れるようになりました。地下茎を掘ってみると，近くにあるスズランの株は意外とつながっておらず，むしろある程度離れた株どうしがつながっていることがわかりました。このことから，クローンはどんどん占有面積を広げていくというより，行ったり来たりしているうちに，複雑に入り組んだ構造を形成していると考えられます。

現在研究しているコンロンソウという植物も地下茎でクローン成長します。コンロンソウは毎年，地下茎の先端に新たな株を作るのですが，親の株はその年の秋には枯れてしまって，翌年は子どもの株のみが地上に葉を広げるという生活を送ります。コンロンソウは日本全国に分布しています。地下茎の連結を調べてみると，北の集団ほど親株と連結している期間が長く，また1シーズンに生産する子どもの株数も多いというように，連結している株数が地域によって異なることがわかってきました。

 このように，地上部の観察だけではわからないさまざまな植物の動きが，地面を掘ることで見えてくるのです。今や私の土掘り技はかなり熟練しており（図2），今度はどこで何を掘ろうかと思案中のこのごろです。

荒木希和子 Kiwako S. Araki

京都大学生態学研究センター分子解析生態学分野・日本学術振興会特別研究員。京都府生まれ。2008年，北海道大学環境科学博士。野生植物の分子生態学的研究をおこなっている。現在はクローン植物を対象に，エピジェネティック変異の役割やクローン成長にかかわる遺伝子発現について研究を進めている。

第3章
眼，光合成，体内時計
生物の光利用

1. 光エネルギーを ATP にするもう一つの反応

2. 植物の光応答とフィトクロム

3. 生き物たちの時間の読み方，刻み方

4. 多様な光環境への動物の適応メカニズム

5. なぜヒトとサルの色覚は進化したのか？

コラム③　ちょっとの変化で十分

地球上に多様な生物が進化できたのは，太陽からくる光のおかげです。ほとんどの生き物は光なくしては生きていけません。さらに生物は，光を様々なかたちで利用することにより，地球上での繁栄に成功しました。

　古くて新しい話題である光合成による光エネルギー利用のメカニズムをはじめに紹介します。その光合成の主役を担う植物が，光に対していかに積極的に応答しているかを次に示します。一転して，生物による光の他の利用法，すなわち，時間を知る手がかりとしての光と，外界を把握するための視覚情報としての光の受容についてお話しします。最後に，色の違いとして光を識別する色覚の進化について，ちょっと変わった仮説を披露します。

　命の源となるエネルギーから，危険な動物の発見まで，多様な使途で光を活用している生き物たちの仕組みと進化を眺めてみます。

1 光エネルギーを ATP にする もう一つの反応

03

光合成の明反応は，太陽の光エネルギーを用いて ATP を合成するとともに，水を分解することで得られた電子を用いて $NADP^+$ を NADPH に還元します。その本質は，「ノンサイクリック＝リニア（非循環的）」と「サイクリック（循環的）」の二つの電子伝達です。前者では ATP と NADPH を決まった割合で供給しますが，光合成の炭酸固定反応には後者によるさらなる ATP の供給が必須です。この古典的とも思える考えが，今，光合成研究で議論されています。ここでは，そのしくみをわかりやすく説明してみます。

サイクリックとノンサイクリック

　光合成は，太陽の光エネルギーを使って大気中の二酸化炭素を糖に固定する，地球規模のエネルギー変換反応です。NADPH と ATP という生命が利用できる化学エネルギーに太陽の光エネルギーを変換する「明反応」と，それらを使って二酸化炭素を固定する「炭酸固定反応」から成ります。炭酸固定反応は，以前は暗反応とよばれていました。しかし，その反応は光による制御を受け，多くの場合暗闇で進行することはないので，今ではこうよばれています。

　炭酸固定反応は本質的に酵素反応ですから，光エネルギーを利用するという光合成の核心部は明反応にあるといえるでしょう。図1に示す明反応の概念の大枠は 1950 年代に確立され，Z スキームとよばれて広く受け入れられています。電子伝達物質の酸化還元電位（電子のわたしやすさの指標）をプロットすると Z を左に倒したような（N のほうがふさわしい？）形になるからです。

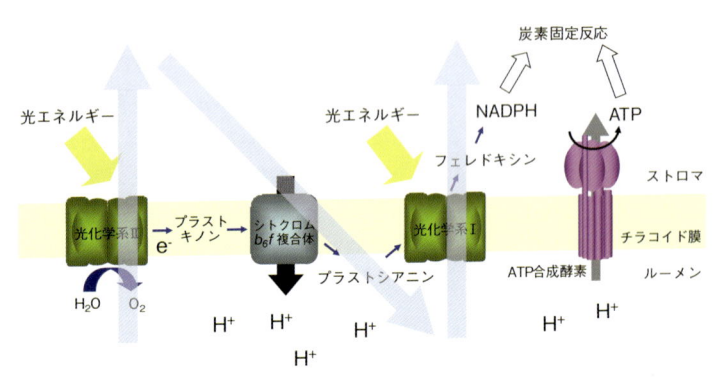

第3章 眼，光合成，体内時計──生物の光利用

図1：ノンサイクリック電子伝達
電子伝達は二つの光化学反応により駆動され，NADPHとATPの両方を作りだす。Zスキームの名前の由来となった酸化還元電位の変化を重ねてある。

酸化還元電位を逆行する（したがってエネルギーを使わないと進行しない）二つの反応は，光化学系Ⅱと光化学系Ⅰにより，この順番で駆動されます。まさに生命の根源ともいえる反応がつぎつぎと解き明かされた当時の光合成研究は，驚きと感動に満ちたものであったでしょう。

当時の論文を読むと，闇のなかを手探りで進むようで，かなり難解です。皮肉なことに，その難解さは私たちがすでに解答を知っているがゆえのものでしょう。読み進めると，現在Zスキームで説明されるリニア電子伝達は，当時，ノンサイクリック電子伝達とよばれていたことがわかります。ノンサイクリックというからにはサイクリックもあるはずです。実際，このサイクリック電子伝達は，Zスキームの概念が確立する前に見つかっていました。現在の植物生理学の教科書を見ると，サイクリック電子伝達に関する記述はごくわずかです。この一時忘れられかけた電子伝達についてもう少し考えてみます。

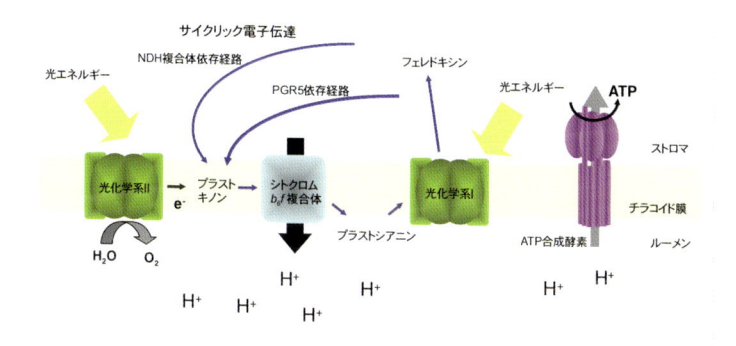

1 光エネルギーを ATP にするもう一つの反応

図2：サイクリック電子伝達
電子伝達は光化学系Ⅰのみで駆動される。ATPのみを作りだす。
高等植物では，PGR5依存経路とNDH複合体依存経路から成る。

　Zスキームは二つの光化学系に駆動されます。その一つ，光化学系Ⅱで水から引き抜かれた電子 e^- は，最終的に NADPH の還元力として蓄えられます。シトクロム b_6f 複合体を電子が通過する際に，チラコイド膜を介してストロマ（葉緑体内でチラコイド膜の外側）側からルーメン（チラコイド膜の内側）側に水素イオンが取り込まれます。光化学系Ⅱで発生する水素イオンとあわせて，おもにチラコイド膜を介したこの水素イオンの勾配（ΔpH）を原動力に，ADP から ATP が作られます。一方，図2に示すように，サイクリック電子伝達では光化学系Ⅰからフェレドキシンを経てプラストキノンへ電子が戻され，NADPH の実質の蓄積なしに ATP のみを作りだすことができます。光エネルギーから ATP を作り出す生命の根源ともいえる反応ですが，電子は循環的（サイクリック）に動くため，ものの出入りで電子伝達速度を測定することは今でも困難です。おまけに Z スキームは二酸化炭素固定に必要な ATP と NADPH の両方の供給を説明できたのです。これらがいわば，不幸のはじまりです。

第3章 眼，光合成，体内時計——生物の光利用

シアノバクテリアにもらったサイクリック電子伝達

　サイクリック電子伝達は，発見以来，徐々にその生理機能が軽視されるにいたったのですが，その時代を知らない筆者には，その経緯を体験談として生々しく説明することができないのが残念です。しかし筆者が光合成研究に参入した90年代半ばには，一部の研究者が，サイクリック電子伝達の生理機能を再評価しつつありました。これには二つの発見がかかわっています。

　一つは，80年代の後半にタバコとゼニゴケで葉緑体DNAの全配列が決定され，葉緑体のゲノム中に，ミトコンドリア呼吸鎖に関するタンパク質（NDH複合体）に似たものをコードする11個の *ndh* 遺伝子（*ndhA*〜*ndhK*）が見つかったことです。光合成をおこなう葉緑体に呼吸鎖にかかわる遺伝子がコードされていたことは，大きな驚きでした。

　そして二つ目は，葉緑体の祖先と考えられるシアノバクテリア（葉緑体同様の酸素発生型の光合成を行なう原核生物）において，この葉緑体 *ndh* 遺伝子と高い相同性を示す遺伝子群（やはり *ndh* 遺伝子とよばれる）の産物がサイクリック電子伝達にかかわっていることが明らかになったことです（現在は研究が進行し，ここまで話を単純化するのは躊躇しますが……）。「葉緑体はサイクリック電子伝達の装置として，*ndh* 遺伝子群にコードされるNDH複合体をシアノバクテリアから受け継いだ。」これは非常に魅力的な考えでした。

　1990年代に，タバコの葉緑体の形質転換技術が開発されました。この技術の最大の特徴は，葉緑体DNAの狙ったところに遺伝子を導入できる点で，この技術を利用して特定の遺伝子をノックアウトして遺伝子の機能を解析できます（「逆遺伝学」）。葉緑体ゲノムに存在した11個の *ndh* 遺伝子は，形質転換によるノックアウトの絶好のターゲットでした。私たちを含めて世界の四つのグ

ループが，この研究にそれぞれとりくみました。しかし皆が失望したことに，このタバコでは *ndh* 遺伝子が完全に破壊され，この遺伝子に依存するサイクリック電子伝達が起こらないはずなのに，植物の光合成がほとんど影響を受けませんでした。

やはりサイクリック電子伝達はたいした仕事をしていないのでしょうか？

光合成研究に導入された新しい遺伝学

さて，半世紀以上前に見つかったサイクリック電子伝達は，アンチマイシンAという薬剤で阻害されることがわかっていました。しかし，前述のNDH複合体の活性は同じ濃度のアンチマイシンAでは阻害されないのです。この半世紀以上前に見つかったサイクリック電子伝達の正体はNDH複合体が触媒するものとは別の化学反応であると考えられ，またこの電子伝達について，当時遺伝子の情報はまったくありませんでした。したがって，NDH複合体の機能の解析に用いたような「逆遺伝学」は使えませんでした。そこで，私たちはモデル植物シロイヌナズナを用いた「順遺伝学」を利用しました。光合成の異常から変異株を探し，そこから原因となる遺伝子を特定する作戦です。

ここでカリフォルニア大学バークレー校のニョーギ博士らがおこなったクロロフィル蛍光イメージングについて説明せねばなりません。クロロフィル（葉緑素）はすべての光合成生物に存在し，光を受容しそこから電子伝達を引き起こす過程で使われる重要な緑色の色素です。クロロフィル蛍光はクロロフィルから発せられる特殊な光で，これを計測することで，植物のおこなっている光合成の様子をモニターすることができます。つまり光合成を目で見ることができるのです。このクロロフィル蛍光をCCDカメラで撮影することにより，二次元でかつ定量的な計測が可能になり，

第3章 眼，光合成，体内時計——生物の光利用

図3：乾燥，強光ストレスにより強い光阻害を受けたタバコ
（写真提供：近畿大学　重岡博士，武田博士）

光合成の異常な突然変異株を選抜することができるのです。ニョーギ博士らは，この技術を使って植物の強すぎる光に対する反応の分子メカニズムを解き明かしました。

　植物にとって光は光合成に必須ですが，光環境は常に変動し，過剰な光エネルギーを受けると，活性酸素の生成を介して植物に光阻害を引き起こします（図3）。したがって光の過剰をモニターし，光合成に利用する光を調節する必要があります。最も効率的な方法の一つが，光化学系IIで集めた光エネルギーを電子伝達に使わないで熱に換えて捨ててしまう熱散逸です。熱散逸によりエネルギーが捨てられるとクロロフィル蛍光は減少します。

　ニョーギ博士らは，強光下でも高いクロロフィル蛍光を発する

表現型（遺伝子の異常の結果として見えてくる植物の特徴）から，熱散逸を誘導できないシロイヌナズナ変異株を単離しました。強光下では，光合成電子伝達がさかんに起こり，チラコイド膜ルーメンへの水素イオンの取り込みが進行します。じつは植物は，光の過剰をチラコイドルーメンの水素イオン濃度の増加（つまり酸性化）をモニターすることで感知しています。この酸性化は進行するばかりでなく，ATP合成に利用されることによる解消も同時に起こります。しかし，このとき光が過剰で，進行と解消のバランスが崩れると，ルーメンの酸性化はさらに進みます。正確さを欠くことを覚悟のうえで話を単純化すると，ニョーギ博士らの発見した熱散逸を誘導できない変異株は，このルーメンの酸性化をモニターできない（つまり光の過剰を感知できない）植物でした。

アンチマイシンA感受性サイクリック電子伝達の再発見

サイクリック電子伝達は，電子は循環的に移動するので，電子の入口や出口での電子の渋滞に影響を受けません（電子が出口で渋滞すると，むしろサイクリックの経路に多くの電子が流れるようになります）。したがって理論上，リニア電子伝達と独立してΔpHを形成できます。前述のように，ΔpHはATP合成だけではなく，熱散逸を誘導する機能もあります。サイクリック電子伝達を欠くシロイヌナズナ変異株は，熱散逸を誘導できない変異株と同じように，強光下で高いクロロフィル蛍光を発する変異株として単離されました（図4）。

その変異株は，*proton gradient regulation*の3文字を取って*pgr5*とよばれます。シロイヌナズナの遺伝学では，突然変異株を多くの場合3文字の小文字イタリックのアルファベットと数字

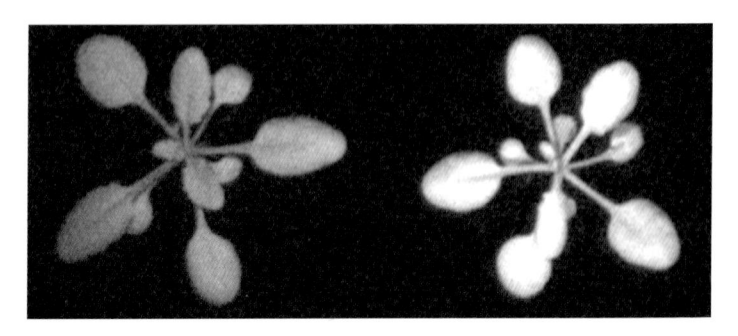

第3章 眼，光合成，体内時計——生物の光利用

図4：クロロフィル蛍光イメージングにより得られたシロイヌナズナ *pgr5* 変異株
蛍光は本来赤色であるが，CCD カメラは白黒画像としてとらえている。*pgr5* は強光下で光エネルギーを捨てられないので，高い蛍光を発する。

n（n番目に見つかったという意味）で表し，たとえば *pgr5* 変異株で異常が生じた遺伝子の産物を PGR5 タンパク質のように表します。*pgr5* は熱散逸の誘導が特異的に異常な変異株と異なり，ルーメンの酸性化をモニターできますが，多くの状況で熱散逸の誘導に十分なほどルーメンを酸性化することができません。詳細は省きますが，*pgr5* は冒頭で記した半世紀以上前に見つかったサイクリック電子伝達と同様のアンチマイシン A に感受性のサイクリック電子伝達に欠陥をもつことがわかりました。もう一つ重要な *pgr5* の表現型は，光照射下で葉緑体内に過剰な還元力を溜めることです。電子伝達で作り出される還元力は NADPH の生成を介して二酸化炭素の固定に使われますが，還元力が過剰になると活性酸素の生成に使われたり，電子伝達経路の渋滞を引き起こします。おそらくこのことが一番の原因で，*pgr5* は強い光や変動する光環境にとても弱い植物です。サイクリック電子伝達は，葉緑体の光阻害回避に極めて重要な働きをしていることが明

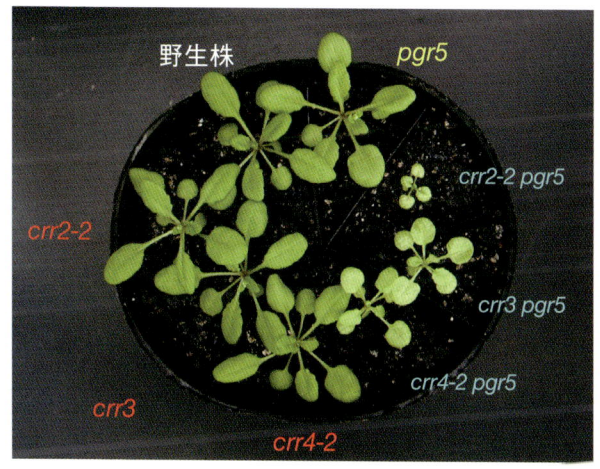

❶ 光エネルギーをATPにするもう一つの反応

図5 サイクリック電子伝達を欠くシロイヌナズナ変異株の表現型
赤字で示した *crr2-2*, *crr3*, *crr4-2* は NDH 依存経路を欠く変異株。それぞれの変異株と *pgr5* との二重変異体が水色の文字で示されている植物。

らかになりました。

　私たちがシロイヌナズナを培養する栽培装置には、たくさんの蛍光灯がついています。ずいぶん明るく見えますが、晴天の日の野外に比べると20分の1～40分の1の光強度しかありません。*pgr5* 変異株は、この光強度では、野生株と同じように育ちます（図5）。しかし、私には *pgr5* が必死に光に抵抗しているように思われます。*pgr5* 変異株のなかでは、タバコでは何もしていないように見えた NDH 複合体に依存するサイクリック電子伝達がまだ生きています。そこで両方のサイクリック電子伝達を欠くような二重変異株を作ってやると、植物はまさに悲鳴をあげて枯死寸前になります。野外の20分の1～40分の1の強さで、しかも安定した（変動しない）光は、植物に過剰とは思えません。この二

重変異株の強い異常を説明するには，光阻害回避だけではなく，サイクリック電子伝達の光合成への寄与を考えねばなりません。

サイクリック電子伝達は Δ pH 形成を促進しますが，Δ pH は熱散逸と ATP 合成に機能します。サイクリック電子伝達はその両方に必須です。もう一つ重要なことは，タバコで遺伝子をノックアウトしても機能が見えなかった葉緑体 NDH 複合体が，*pgr5* 変異株のなかで必死にがんばっているとわかったことです。それは *pgr5* と二重変異体の表現型の比較から明瞭です。一つの遺伝子を壊しても表現型に影響がないからといって，その機能が重要でないとは結論できません。光合成のような重要な機能では，植物は複数の制御を重複してかけています。おそらく野外の過酷な光環境を生き抜くには，このことが重要なのでしょう。

トウモロコシでがんばるサイクリック電子伝達

サイクリック電子伝達は，その存在が忘れられかけたかのような暗黒時代においても，トウモロコシなど C_4 光合成をおこなう植物の光合成では重要視されてきました。イネやタバコ，シロイヌナズナなどの C_3 植物は，空気中の二酸化炭素を炭素三つの化合物として固定します。この反応にかかわる酵素が有名なルビスコですが，ルビスコは二酸化炭素だけでなく酸素とも反応し光呼吸を引き起こします。現在のルビスコはおおむね酸素濃度の低い大気中で進化してきたので，現在のように 20％の酸素の存在下で生じる副反応は想定外だったようで，光呼吸は単にエネルギーを失う無駄な反応に見えます。そこで C_4 植物は，いったん二酸化炭素を別の酵素で炭素四つの化合物に固定し，濃縮した二酸化炭素をルビスコに供給することで，光呼吸が起こることを防いでいます。余談になりますが，一見むだに見える光呼吸が C_3 植物において不要かどうかは意見が分かれるところです。光呼吸によ

って，過剰な光エネルギーを消費しているからです。さて，C_4光合成は二酸化炭素の濃縮のため光合成に余計な ATP を使いますが（そのため C_4 光合成は万能ではありません），それはサイクリック電子伝達に由来すると説明されてきました。しかしながら，C_4 植物でも，サイクリック電子伝達の装置が明らかになっていたわけではありません。私も論文でそう引用してきました。通説となっていても，実体のわからないものを疑ってみることは大事なのですが。

 C_4 植物では，生理実験において高いサイクリック電子伝達活性が検出されてきました。このサイクリック電子伝達が PGR5 に依存するのか NDH 複合体に依存するのかは，まだ結論が出ていません。タンパク質の蓄積から見ると，トウモロコシで余計に ATP が必要になる維管束鞘細胞という細胞では，PGR5 タンパク質ではなく NDH 複合体がたくさん蓄積しています。この結果は，NDH 複合体依存のサイクリック電子伝達が C_4 光合成を支えていることを示唆しています。また別の C_4 植物では，PGR5 依存経路の貢献も示唆されています。C_4 光合成において本当にサイクリック電子伝達が重要かも含めて，突然変異株を用いた解析が待たれます。

おわりに

　冒頭で述べたように，先人の素晴らしい業績により，光合成の複雑なメカニズムはずいぶん以前からわかっています。教科書の記述を見ると，光合成の分野には，もう大きな謎は残されていないような錯覚さえもちます。しかし，私たちはそこに書かれている明反応が，二酸化炭素固定が要求する ATP ／ NADPH 比を満たしているのかさえ明確に答えることができていません。サイクリック電子伝達にしても，私たちは半世紀前と同じ質問を繰り返

しているのです。しかしその間，生物学は大きく進歩してきました。私たちは，そろそろその質問に答えることを本気で考えねばなりません。

鹿内利治 Toshiharu Shikanai

京都大学大学院理学研究科植物学教室植物分子遺伝学研究室・教授。小樽市生まれ。1983年，北海道大学卒業。農学博士。葉緑体，光合成を中心に，電子伝達の制御，葉緑体での遺伝子発現制御，銅イオン恒常性維持のメカニズムなどの解明を目指し，モデル植物を使って研究しています。

❷ 植物の光応答とフィトクロム

03

ほとんど動くことのない植物は，ぼんやりと時間をやり過ごしているように見えるかもしれません。しかし，よくよく調べてみると，植物が光環境の変化を敏感に感じ取り，それに適切に応答していることがわかります。ここでは，植物が光を感じているユニークなしくみについて，私たちが主要な研究テーマとしているフィトクロムの話題を中心に紹介します。

はじめに

　植物が光を感じていることは，簡単な実験で確かめることができます。若い植物，とくに発芽した直後の芽生えなどを窓際に置いておくと，植物は茎を光の方向に曲げて，より効率的に光をとらえようとします（図1）。この応答は光屈性とよばれ，古くから知られていました。また，みなさんは長日植物，短日植物ということばを聞いたことがあると思います。これも，植物が日の長さの違い，すなわち明期と暗期の経過時間を測り，花芽を形成するかどうかを決定する立派な光応答です。

　植物は光合成に生活の基盤をおいているため，植物が光環境に敏感なことは，十分，想像ができることです。では，植物はどのようにして光を「感じて」いるのでしょうか？　古くは，なんとはなしに「光合成の機構をそのまま用いて光環境の変化に応答している」と考えられていたようです。たしかに，この方法は一見，単純で効果的に思えます。しかし，その後の研究によって，植物は光合成とは独立したユニークな機構，しかも複数の機構を使い分けて光を感じていることが明らかになりました。やはり，植物

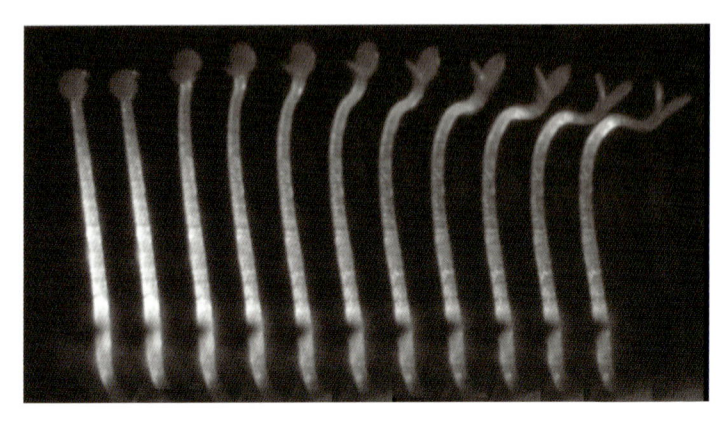

第3章 眼，光合成，体内時計——生物の光利用

図1：シロイヌナズナ暗所芽生えの光屈性
　　右側より青色光を連続照射。10分おきに撮影した写真を合成した。

の生活環を通じて，光合成だけを手がかりに光応答するのには限界があるのでしょう。

　植物の光応答の波長依存性を調べると，赤・遠赤色光に応答する反応と，青色光に応答する反応に分かれます。動物の視覚では緑色光が中心であり，植物と動物の光応答がいかに異なるかを見てとれます。さて，植物のユニークな光応答において中心的な役割を果たしているのが，複数の光受容体です。植物では，赤・遠赤色光に対してはフィトクロム，青色光に対してはクリプトクロムとフォトトロピンという光受容体が働いています。ここではフィトクロムを中心に，植物の光応答のユニークなしくみを紹介したいと思います。

植物の光応答の特徴

　さて，植物の光応答や光受容体に，植物らしい特徴はどのように現れているのでしょうか？　まずは，植物の感知する光の波長

の問題があります。動物の視覚・色覚では，500nm（緑色）を中心に，可視光の範囲（450〜700nm）が幅広くカバーされています。一方，植物の光応答では，可視光の中心となる緑色光への応答がすっぽりと抜けています。植物の光応答に緑が抜けているのは，光合成をおこなう色素であるクロロフィル（葉緑素）による光の吸収がこの領域では低く，あまり光合成に役立たないからではないかと想像されます。

また，植物の光応答の特徴として，応答に時間がかかることがあげられます。植物の光応答を最終的な生理応答として観察するには，数時間から数日かかるのが普通です。植物の体は細胞分裂・分化や細胞伸長によりゆっくりと形を変えていきますが，その速度は動物の運動速度に比べればきわめて遅いといえます。考えてみれば，植物の時間スケールでは，このような遅い応答で十分なのでしょう。植物の光受容体がこのような応答を制御するのに適した性質をもつことは，あとで詳しく述べたいと思います。

植物の光受容体の性質には，上で述べたような光応答の特徴が色濃く反映されています。まずは，その構造がユニークです。フィトクロムをはじめとして，植物の光受容体のどれをとっても，色素タンパク質であるという点を除いて，動物の視覚の光受容体との構造上の共通点はありません。このことは，フィトクロムによる光制御系が，動物の視覚や他の光応答系とはまったく独立に進化してきたことを示します。以下では，私が研究対象としているフィトクロムについて，その興味深い性質を紹介します。

フィトクロムで光質を見分ける

フィトクロムは，植物に特有の赤・遠赤色光の光受容体です。フィトクロムには，通常の光受容体とは異なり，吸収スペクトルが異なる二つの安定な型が存在します。

フィトクロムはまず、不活性型である赤色光吸収型（Pr型）で合成されます。Pr型フィトクロムは、おもに赤色光を吸収した結果、活性型である遠赤色吸収型（Pfr）型に変換され、さまざまな生理応答を引き起こします。Pfr型フィトクロムは活性型ではありますが、比較的安定で、さらなる光刺激がなくても半日程度はそのままの状態に留まります。また、Pfr型フィトクロムが遠赤色光を吸収すると、再度、Pr型に変換されます。このような光可逆的変換を、試験管内で他の分子の助けなしに何回でもおこなわせることができます。つまりフィトクロムは、光でON／OFFを何回でも切り替えられるスイッチのような分子なのです。

さて、安定な活性型のフィトクロムが遠赤色光によって不活性化されることに、どのような意味があるのでしょうか？ 自然界において、純粋な遠赤色光が植物にあたる機会があるようにはあまり思えません。しかし、それに近い状況がじつは生じます。植物の体には大量のクロロフィルが含まれており、それが光エネルギーを吸収することで光合成がおこなわれます。クロロフィルは青色光や赤色光をよく吸収しますが、遠赤色光はほとんど吸収しません。そのため、植物が作る影や植物から反射した光では、赤色光の遠赤色光に対する比が大きく低下します。

他の植物に光をさえぎられた植物にとっては、よりよい光環境を求めて茎を伸ばすことが生存に有利となります。ここでフィトクロムの出番となります。上に述べたように、フィトクロムは吸収波長に応じてPr型とPfr型の間を相互に光変換します。したがって、赤色光比が低い条件では、Pfr型からPr型への変換が卓越し、活性型であるPfr型の量が減少します。これが引き金となり、茎の伸長促進をはじめとする、いわゆる「避陰応答」が引き起こされます（図2）。普通、波長の違いを見分けるためには、吸収波長の異なる複数の光受容体が必要と考えられますが、植物はじ

図2：避陰応答による茎の伸長促進
　フィトクロムの働きで，同じ木の枝でも他の枝に隠れた枝では茎が徒長する。

つに巧みな方法で，一つの光受容体で波長成分の違いを見分けているわけです。

フィトクロムによる高感度光応答

　人間の視覚においては，光に敏感な桿体細胞と，鈍感で色覚視を担う錐体細胞を用いることで，広い範囲の光強度に対応することを可能にしています。植物が感知すべき光刺激の強度の幅も非常に大きなはずですが，どのようにしてこれに対応しているのでしょうか？

　フィトクロムには複数の分子種があります。フィトクロム・タンパク質は1959年に米国で，暗所芽生え（いわゆるモヤシ）を材料に，分光学的特徴を指標として同定されました。このフィトクロムは，試験管内でみごとにPr型とPfr型の光変換を示す一

方で,細胞内では,光照射前(暗所)は高レベルに蓄積し,赤色光照射後は速やかに分解されることがわかりました。試験管内に取り出されたフィトクロムと植物の赤・遠赤色応答の関係が明らかにされるためには,分子生物学や分子遺伝学の手法の発展が必要でした。なお,このフィトクロムは現在の呼び方では phyA にあたります。

1989年には,日本の研究グループ(私も所属していました)と米国のグループが独立に,phyA とはアミノ酸配列の異なるフィトクロム(phyB, phyC)が存在することを示しました。今では,遺伝子がファミリーを形成し,そのメンバー間にさまざまな役割分担のあることが多数の例で知られていますが,この発見は当時としては驚きでした。その後,遺伝学的なアプローチに適したモデル植物が気軽に扱えるようになり,私自身も,phyA や phyB の遺伝学的研究にかかわることになりました。この結果,1993年に phyA を欠損する変異体を単離することに成功しました。

変異体が利用できるようになったことで,それらを用いた生理学的解析が可能となり,phyA と phyB の役割分担の実態が次第に明らかになりました。その結論を紹介しましょう。phyA は暗所で高レベル(phyB の約100倍)に蓄積し,phyB の約10,000倍の高感度で光に応答します。したがって,分子どうしで比べると,phyA は phyB よりも約100倍感度が高いことになります。一方,明るい場所では,上に述べた働きにより phyA は速やかに分解され,phyA 応答もまったくみられなくなります。このような条件では,感度の低い phyB が phyA に代わって光応答を担当します。すなわち,植物でも暗闇に慣れて感度が上がった状態と,明るいところに慣れて感度が下がった状態を使い分けているわけです。

現在私たちは,phyA のほうが phyB に比べて光感度が100程

度高くなる点について，フィトクロム分子内のどのような構造がかかわっているのかを調べています。最新のデータによれば，フィトクロムの特定部分の構造が鍵になること，光応答感度を高めている部位と，明るいところで分解されるための部位が異なること，などが明らかになりつつあります。この結果から，フィトクロム分子上の複数の部位で変化が生じることで，現在のphyAが進化してきたと考えられます。今後は，どのようなメカニズムでこれらの部分構造がフィトクロムの性質を決めているのか，そして，それがどのような順番で進化してきたのかを明らかにしたいと思っています。

フィトクロムは遺伝子発現を制御する

　活性化されたフィトクロムは，さまざまな生理作用をどのようにして引き起こすのでしょうか？　これは長年の謎であり，さまざまな仮説が提唱されてきましたが，最近になって急速に研究が進みました。動物の光受容体であるロドプシンとは異なり，フィトクロムは水溶性のタンパク質で，おもに細胞質に均一に存在します。このことから，フィトクロムは細胞質でシグナルを伝達すると長年にわたって考えられていました。しかしながら，私たちやドイツの研究グループにより，フィトクロムは活性化されると細胞質から核へ移行することが明らかになりました。また，同じころおこなわれていた研究によって，フィトクロムが転写因子と活性型特異的に結合することが明らかになりました。これらの発見により，「フィトクロムは核内でターゲット遺伝子の転写活性を直接制御することにより，さまざまな生理応答を引き起こしている」と考えられるようになりました。現在は，光応答に対して阻害的に働く転写因子に活性化されたフィトクロムが働きかけ，転写因子の分解を促すという経路によって，フィトクロムのシグ

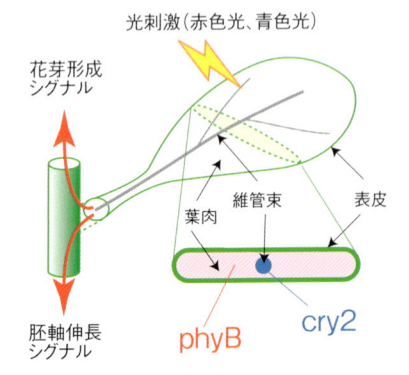

第3章 眼,光合成,体内時計——生物の光利用

図3:葉内での光刺激受容の模式図
フィトクロム(phyB)はおもに葉肉で,クリプトクロム(cry2)はおもに維管束で光刺激を受容し,その情報を他の部位へ伝える。

ナルが伝達されるという説が主流になっています。

さて,植物個体レベルで調べると,光刺激によって多数の遺伝子の発現が変化することが知られています。それでは,これらの応答はすべて細胞自律的におこなわれているのでしょうか? 私たちは最近,この問題にとりくんでいます。たしかに,フィトクロムをはじめとする植物の光受容体は,ほとんどすべての細胞で発現しています。しかしながら,植物体の光生理応答について調べていくと,たとえば葉から茎や茎の先端の分裂組織へのシグナル伝達が存在します。さらに,光受容体を組織特異的に発現させてその応答を調べたところ,たとえば葉のなかの葉肉細胞のフィトクロムが,葉脈におけるターゲット遺伝子の発現を制御していることがわかりました(図3)。また,個体レベルで光に応答する遺伝子には,植物ホルモンにも応答するものが多数存在します。植物の細胞を取り出し,まわりの組織からの影響を除いて光応答

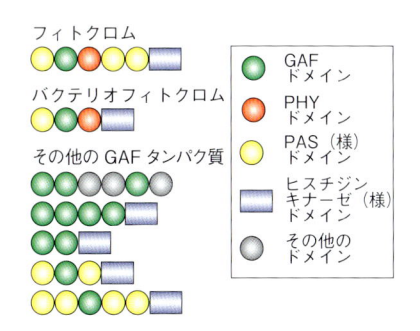

図4：フィトクロム類縁タンパク質
フィトクロム，代表的バクテリオフィトクロム，それ以外のGAFタンパク質の構造を模式的に示す（Montgomery and Lagarias, 2000より改変）。

を調べたところ，これらの遺伝子の光応答が極端に低下していることがわかりました。この結果は，植物体においては個々の細胞が勝手に光応答しているのではなく，植物ホルモンなどの二次的な因子の働きで，植物個体としての応答が時空間的に制御されていることを示しています。今後は，このような光応答ネットワークについても解析を進めていきたいと考えています。

フィトクロムの起源

最後に，私たちが直接かかわっている研究ではありませんが，フィトクロムの起源に関する最近の知見を簡単に紹介します。遺伝子配列の情報が限られていた時代には，フィトクロムは陸上植物と，陸上植物に近縁な一部の緑藻類にしかないと考えられていました。実際，藻類の光応答では青色光への応答のほうが顕著です。ところが，シアノバクテリア（葉緑体の祖先にあたる原核生物）の一種でゲノムが解読されると，そこに陸上植物のフィトク

ロムとよく似たタンパク質があることがわかりました。さらに，この分子がフィトクロムと同様に Pr 型と Pfr 型の光変換をすることが証明され，バクテリオフィトクロムとよばれるようになりました（図4）。陸上植物のフィトクロムの起源は，どうも光合成をおこなう細菌にまでさかのぼれるようです。シアノバクテリアでは，光のスペクトルによる色素合成の制御や光走性などの光応答が知られており，フィトクロムが生物進化の初期においても光受容体として重要な機能を果たしていたことをうかがわせます。

　フィトクロム分子の核となる構造は GAF ドメインです。このドメインが，クロロフィル分子を引き伸ばしたような構造をした開環テトラピロール型色素分子を抱え込むことで，フィトクロムに特異な分光学的性質が現れます。また，このドメインの C-末端側には GAF ドメインの分光学的性質を修飾する PHY ドメインが，N-末端側には PAS 様ドメインが存在します。このような構造は陸上植物のフィトクロムとバクテリオフィトクロムで共通です。さらに，ゲノム情報を調べると，GAF ドメインをもつ奇妙な構造をしたタンパク質が，バクテリアを中心にいろいろな生物で見つかります（図4）。これらの分子がそもそも光受容体として働いているかどうか定かではありませんが，フィトクロムの起源を考えるうえでたいへん興味深いところであり，今後の解析が待たれます。

おわりに

　フィトクロムが発見されてから，かれこれ50年がたとうとしています。その間，フィトクロムは私たち研究者にさまざまな驚きを与えてくれました。今後どのような展開が待っているか，想像するのは難しいですが，まだまだおもしろいことが隠されている，そう思って研究をつづけていきたいと思います。

❷ 植物の光応答とフィトクロム

長谷あきら Akira Nagatani

京都大学大学院理学研究科植物学教室生理機能学研究室・教授。東京都生まれ。1984年，東京大学理学博士。著書に『植物の光センシング』（共著，秀潤社）などがある。大学院時代より一貫して，おもに植物生理学的視点から植物の光応答の研究にとりくんできた。光受容体の分子細胞レベルの作用機構の解明を目指しつつ，今後は，その進化についても研究を進めたいと考えている。

3 生き物たちの時間の読み方，刻み方

03

花咲く春のうららかさ，去りゆく夏の夕日の愁い……。季節の移ろいを感じ，誰しもこんな気分になるものですが，それはヒトとして自然な「時」の感じ方のように思えます。ヒトに限らず生き物は時間を測り，時を感じて生きています。太陽を浴びて育つ植物や藍藻も，1日を刻む「時計」を使って豊かで厳しい自然を生き抜いています。

時計の発明史

　人類が作った装置としての「時計」で，最も古いのは日時計です（図1）。紀元前3000年ごろの古代エジプトでは，すでに目盛りつきの日時計が使われていたようです。日時計は太陽の位置を観察する道具であり，昼間の時刻と暦に関する情報を得ることができます。次に登場したのが水時計です。これも古代エジプトで，すでに紀元前1500年ごろには使われていたようです。原理は現在の砂時計と同じで，流れた水の量を測ることで時間を知ることができます。これらはみずから動くタイマーとして時間（の長さ）を教えてくれます。つまり，日時計からは外部環境の「時刻」情報を読みとることができ，水時計からは外部環境と無関係の「時間」情報を読みとることができます。

　現在使われている時計のほとんどはクオーツ式です。この時計はおおまかにいうと，14世紀ごろからヨーロッパに登場した機械式時計と同じ原理で動いています。つまり，どちらも発振装置が作る規則正しい振動を変換して，針や音，文字盤で時間を知らせてくれます。機械式時計では力学的エネルギーで振り子やテンプが振動しており，クオーツ式時計では電気エネルギーでクオー

❸ 生き物たちの時間の読み方，刻み方

図1：さまざまな時計
生物も時計？　右上は藍藻の一種。

ツ（水晶）が振動しています。1回の振動が単位時間になっていて，歯車や電子回路でその回数を数えて時間を測っていますから，これらはデジタルな時計といえます。一方，水時計は水の量で時間を示すので，アナログな時計といえます。アナログな時計からデジタルな時計への変換は，人類史上最も偉大な発明だと思うのですが，残念ながら発明者（たち）の名前すら知られていません。

　それでは，生き物がもっているいわゆる「生物時計」は，いったいどのような時計なのでしょうか？　生物時計には，1日を単位とする概日時計から1年を単位とする概年時計までいくつかのタイプがありますが，ここでは私たちが研究している概日時計について紹介します。

第3章　眼，光合成，体内時計——生物の光利用

概日時計のメカニズム

　概日時計は「概ね1日を刻む生物時計」です。ヒトだけでなく，地球上のほぼすべての生物が概日時計をもっていると考えられています。ある生物の概日時計の働きは，おおむね1日の周期をもつ概日リズム現象として観察されます。私たちも，ある時間帯になると眠たくなったり，目が覚めたりします。これらが単に夜と昼の環境変化に反応したものでないことは，暗くなったからといってすぐに眠れるわけではないことや，海外旅行で時差ボケになることからもわかります。これらは負の側面かもしれませんが，概日時計にはそれとは比較にならないほどの利益があると考えられます。

　概日時計のしくみの研究は20世紀のなかごろからおこなわれ，その核心ともいうべき「時計遺伝子」が，哺乳類，節足動物，菌類，被子植物，原核生物の藍藻（シアノバクテリア）など，さまざまな生物から見つかりました。この遺伝子に手を加えると，概日時計の周期が長くなったり，短くなったり，概日リズムそのものがなくなったりします。時計遺伝子がコードするタンパク質を「時計タンパク質」といいます。動物類は構造の似た時計タンパク質をもっていますが，植物，菌類，シアノバクテリアはそれぞれ独自の構造の時計タンパク質をもっています。つまり，動物，植物など大きな分類群でとらえると，生物はそれぞれ独自の方法で概日時計を進化させてきたと考えられています。

　さまざまな生物で時計のしくみが研究されていますが，ここでは私たちが研究しているシアノバクテリアと植物の，時間の読み方，刻み方を紹介したいと思います。シアノバクテリアの時計は，その部品を用いて試験管のなかで再構築された唯一のシステムです。また，植物では時計を使って季節を知る「光周性」の研究が進んでいます。冒頭に述べたヒトの季節の感じ方も光周性の一種

かもしれませんが、その理解はまだまだこれからです。一方で、植物の季節の感じ方は分子レベルまで解析されつつあります。

シアノバクテリアの時間の刻み方

　概日時計は1980年代のなかごろまで、真核生物のみがもつ「高級な機械じかけ」と考えられていました。シアノバクテリアは原核生物ですが、植物と同じように光合成をしますし、大気中の窒素を固定する能力もあります。光合成は酸素を生み出しますが、酸素は窒素固定を大きく阻害します。そのためシアノバクテリアのなかには、数珠つなぎの細胞塊の一部を窒素固定専門の細胞として分化させるものがいます。一方で、単細胞にもかかわらず窒素固定をおこなう種もいます。このような種は昼間に光合成を、夜間に窒素固定をおこないます。人工的に夜をなくし、明るさも温度も一定にした連続明条件の下でも窒素固定に働く酵素活性に概日周期的な変動が観察されたのが、原核生物の概日リズムの最初の発見になりました。その後、名古屋大学の近藤教授、石浦教授らのグループが、生物発光酵素遺伝子をもつレポーター系（遺伝子の働きを光や色など測定しやすいかたちに変える遺伝子改変技術）をシアノバクテリアに導入することで、概日リズムを周期的な生物発光変化として簡単に観測する手法を開発しました。これ以降、シアノバクテリアの概日時計の研究は飛躍的に進み、現在ではそのしくみがすべての生物のなかで最もよく解明されています。なぜなら、唯一シアノバクテリアだけが、概日時計の基本的な部品すべてが明らかにされ、かつバラバラにした部品から人の手で時計を組み立てることができるからです。

　時計の部品というと歯車や振り子のような固いものを思い浮かべますが、概日時計の部品は生物の他の装置の部品と同様、タンパク質でできています。シアノバクテリアの時計はたった三つの

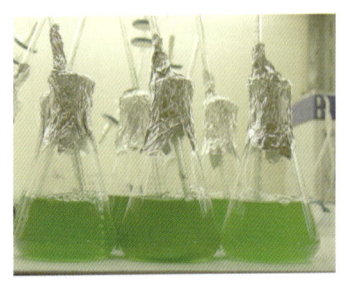

第3章 眼，光合成，体内時計——生物の光利用

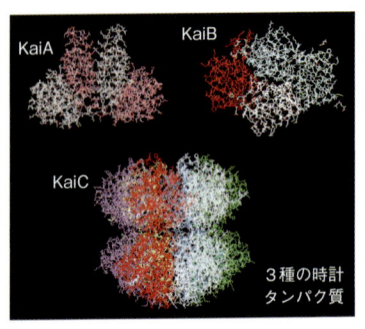

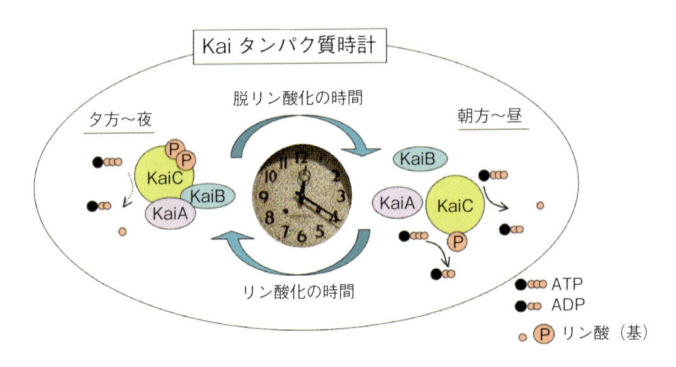

図2：シアノバクテリアのKaiタンパク質時計

基本部品，つまり3種類のタンパク質で組み立てることができます（図2）。時計のように周期性を示すものは「回」転運動にたとえられるので，これらのタンパク質はKaiA，KaiB，KaiC（カイA，カイB，カイC）と名づけられています。「人の手で時計を組み立てる」といっても，じつはこれら3種類のタンパク質を水溶液として適当な濃度で混ぜるだけです。こうしてできた時計を「Kaiタンパク質時計」とよびます。

三つのタンパク質のなかでは，KaiCがとくに重要で中心的な

働きをしています。このタンパク質は、生物のエネルギー通貨であるATP（アデノシン三リン酸）を分解する酵素活性をもっています。私たちはふだん使っている時計が止まると、まず電池切れを疑います。タンパク質でできた生物時計も、動きつづけるためには電池のようなエネルギー源を必要とします。KaiCがATPを分解するのは、時計を動かすエネルギーを取り出すためと解釈できます。また、KaiCはみずからATPと反応して、自分自身に「リン酸化」とよばれる修飾をおこなう自己リン酸化活性をもっています。さらに、修飾によって結合したリン酸をはずす自己脱リン酸化活性ももっています。

　Kaiタンパク質時計はATPを混ぜることで動きだしますが、それはKaiCのATP分解酵素活性やリン酸化状態などがおよそ24時間周期の変動を示すことで確認できます。KaiAとKaiBは、KaiCと結合したり離れたりすることでKaiCの酵素活性を周期的に調節しています。KaiAにはKaiCのATP分解活性や自己リン酸化活性を促進する働き、KaiBにはそれらを抑える働きがあります。KaiCがATPを分解してエネルギーを供給する一方で、その系に活性化する因子（KaiA）と抑える因子（KaiB）が働くと、システムの挙動は変動しやすくなります。車にたとえると、KaiAはアクセル、KaiBはブレーキに相当しますが、これらを操って一定速度で走り続けるのは障害物のまったくない道でも難しいと感じられるのではないでしょうか。もっと難しいのは、目印のない道で加速と減速を規則正しく繰り返すことでしょう。Kaiタンパク質時計は、まさに何の目印もないところで1日周期の加速と減速を規則正しく繰り返しているのです。さらに、私たちがふだん使っている時計もそうですが、概日時計には温度などの外部環境が変わっても一定の周期で回りつづける性質があります。このようにいつも安定して時を刻みつづける装置だけが「時計」の

名称を与えられます。Kaiタンパク質時計は細胞・組織などの高次な構造物なしに、1日という時間をミクロな化学反応だけで温度に依存せず刻みつづけることができるのです。

振り子とKaiC

　私の小さいころは、どの家にもゼンマイ式の振り子時計がありました。これには時計稼働用と時打ち用の二つのゼンマイがあり、それらをときどき巻いてやることでエネルギーを与えます。振り子時計はその名のとおり、振り子の振動が針の動きから鐘の鳴る間隔まですべてを決めています。振り子が速く振動すれば時計は速く進みますし、振り子が止まれば、たとえゼンマイが巻かれていても針は動きません。また、エネルギーの消費量も振り子の振動の程度によって決まります。16世紀から17世紀にかけて活躍したガリレオ・ガリレイは、振り子の振動の等時性を発見しました。振り子時計の精度はこの性質を利用して保たれています。

　さて、シアノバクテリアのKaiタンパク質時計では、ATPの濃度がゼンマイの「巻き」にあたります。溶液に十分なATPがないと時計は動きません。先に述べたように、ATPはKaiCによって分解され、エネルギーを供給しますが、この分解活性は非常に弱いことがわかっています。1分子のKaiCは、1日当たり15分子程度のATPしか分解しません。KaiCは溶液中で6分子が結合して一つの構造体(KaiCヘキサマー)を作っているので、KaiCヘキサマー1個当たり1日90分子程度のATPを消費することになります。また、KaiAとKaiBがないKaiC単独の状態では時計がきちんと回りませんが、おもしろいことに、KaiCによる1日当たりのATP分解量は時計が回っても回らなくてもほぼ同じです。つまり、時計に組み込まれても組み込まれなくても、KaiCは安定した反応速度を示すのです。これは、振り子時計の振り子が針

とは関係なく安定して振動することに似ています。

　KaiCは519個のアミノ酸で構成されていますが、正常なアミノ酸の配列が少し変わった変異型KaiCでは、時計の速さを変えてしまうものがたくさん見つかっています。正常なKaiCは24時間程度で元の状態に戻る反応を繰り返しますが、ある変異型KaiCは16時間周期で時計が速く回り、別の変異型KaiCは30時間周期で遅く回ります。これらの変異型KaiCの時計の速さはATP分解活性に比例しています。つまり、ATPを速く分解する変異型KaiCを使うと時計が速く回り、ゆっくり分解する変異型KaiCを使うと時計はゆっくり回ります。ここでも、KaiCの働きは振り子時計の振り子と共通しています。さらに重要なことは、KaiCのATP分解活性が温度環境によらずほぼ一定であることです。一般的な酵素は温度を10℃あげると活性が2〜3倍になることが知られていますが、KaiCのATP分解活性はそのような性質の例外となっています。このほか、KaiCではリン酸化による2か所の修飾部位がお互いに相手のリン酸化・脱リン酸化反応効率を制御することで、リン酸化と脱リン酸化反応が一方向に秩序正しくおこなわれることが知られています。

　Kaiタンパク質時計は、振動を引き起こすKaiCの性質をKaiAとKaiBが持続的に引き出すことによって、安定して時を刻んでいると考えられています。さらに、シアノバクテリアではKaiCのリン酸化状態やKaiA、KaiBなどとの結合状態を時刻情報として感知し、その情報にもとづいて遺伝子発現制御などをおこなうしくみがあることもわかってきました。

同期による精度向上

　シアノバクテリアの概日時計は、生きている限り止まることなく一定の周期を刻みます。しかし、Kaiタンパク質時計の安定性

の要である KaiC ヘキサマーは，1 日に 90 個程度の ATP を分解するだけです。1 日に 90 回しか振れない振り子時計では，正確な時間が作れそうにありません。時計開発の歴史を振り返ると，振り子の次はヒゲゼンマイ，近年ではクオーツや原子の性質から得られる「より高い」振動数を用いて精度を上げてきたことがわかります。Kai タンパク質時計では，個々の KaiC ヘキサマーは 1 日 90 回という遅い動きですが，1 個のシアノバクテリアにはそれが 1000 ～ 2000 個存在します。近年の研究によって，それらの KaiC ヘキサマーがお互いの時刻情報によって同期し，全体として非常に正確な時間を刻んでいることがわかってきました。

　蛇足になりますが，振り子時計を発明したのは 17 世紀のオランダの学者，ホイヘンスです。さらに彼は，二つの振り子時計を同じ壁に掛けておくと，それぞれの振り子の振動が壁伝いに相互作用することに気づき，時計（振動子）の同期現象を発見しました。それから 300 年以上の年月を経て，生物時計の再構築や同期現象の発見がなされました。これらの研究は私の前任地である名古屋大・近藤孝男教授の研究室で行われたものです。20 ～ 30 億年前に出現したシアノバクテリアは，最初から Kai タンパク質，つまり概日時計をもっていたと考えられています。おそらくこれが，地球の歴史で最も古い時計と思われます。私はその出現のドラマや数十億年にわたる進化の過程に興味をもって生物時計の研究をつづけています。

植物の時間の読み方

　シアノバクテリアは概日時計をもつことで，1 日の環境変化を予見し効率よく生き抜いてきたと考えられます。しかし，夜と昼の長さの変動から 1 年の季節変動を感知している証拠は見つかっていません。一方，動物や植物の多くは，気象の変化に左右され

ない夜と昼の長さを測ることで季節を感知し，来たるべき環境変化に備えます。この「光周性」は，動物ではおもに繁殖や休眠の行動にみられ，植物では花成や成長相の切り替えなどにみられます。それぞれの生物は自分にとって厳しい季節をさまざまな様態（たとえば蝶なら蛹，植物なら種子など）で切り抜けますが，様態の変化には時間がかかるうえ，タイミングがとても重要です。そのため光周性のしくみはとても巧妙にできていて，概日時計が重要な役割を果たしています。

　動物だけでなく植物や微生物も，外の光を感知する「眼」（光受容体）をもっています。生物は光受容体で日の出と日の入りのサインを感知し，概日時計の時刻を外の環境に合わせます。そして，その時計が示す「主観的な」夕方と朝方を個体内で認識することができます。植物の場合は，その時間帯が明るいか暗いかで，「明るければ春から夏の日の長い時期」「暗ければ秋から冬の日の短い時期」と認識するしくみをもっています。アブラナ科のシロイメナズナという植物は春先に花を咲かせます。このように夜の時間が短くなると花成が起こる植物を「長日植物」とよびます。逆に，夜の時間が長くなると花成が起こる植物を「短日植物」とよびます。長日植物のシロイヌナズナは，概日時計が指し示す主観的な夕方が明るいと花芽を出します。そのメカニズムはかなり解明されており，主観的な夕方の光受容体の信号を花芽誘導に仲介する因子が見つかっています。この因子は概日時計の時刻にしたがって主観的な夕方に細胞内で作られますが，暗くて光の信号がないときは不安定で分解されてしまいます。しかし明るいと，光の信号を受けて因子が安定し，花芽を誘導する遺伝子のスイッチを入れます。この他にもさまざまなしくみが加わって，植物は季節の情報を正確に読みとっていると考えられています。

第3章 眼，光合成，体内時計——生物の光利用

イボウキクサ（長日植物） アオウキクサ（短日植物）

図3：イボウキクサとアオウキクサの花成
グラフは実験室内で24時間の明暗条件を繰り返したときの花成。明期の長さに対して花成率（花をつけた葉状体の割合）をプロット。矢印の先の白い部分が花。

変わらない時計と変わる光周性

　植物のなかには，緯度の大きく異なる広い地域に分布している種が数多くあります。緯度が異なれば夜と昼の長さの変動パターンは大きく異なりますし，気候も異なります。したがって，同じ種でも1年の生活史はずいぶん異なったものになります。そこでは，光周性の性質を変化させることが，分布域を広げることに有利に働いていると考えられます。私が研究しているウキクサの仲間を含めて，いくつかの植物種で，花芽を誘導するのに必要な夜（昼）の長さが緯度によって異なることが明らかになっています。ウキクサの仲間は世界各地の湖沼・水辺・水田にみられ，日本で

も田圃にいけば誰でも見つけることができます。アオウキクサ (*Lemna paucicostata*) とイボウキクサ (*Lemna gibba*) は，よく似た形で分布する緯度も似ていますが，アオウキクサは短日植物で，イボウキクサは長日植物です（図3）。生態学的にも進化的にもおもしろく，実験室でも扱いやすいので，50年ほど前から光周性の研究に使われてきました。現在ではこれらの植物を使って，花を咲かせるまでの分子的なしくみの多様性の研究がスタートしています。興味深いことに，概日時計のしくみはウキクサの仲間だけでなく他の被子植物でも非常に共通性の高いことがわかってきました。一方で光周性の性質は，ウキクサの例にあるように，種間や種内で大きな多様性をもっています。1日が24時間というのは地球上のどこでも一定ですし，被子植物が繁栄しはじめた1億年あまり前からほとんど変化していませんから，概日時計のしくみを変化させる必要はなかったのかもしれません。一方で，夜と昼の長さは地域によって異なりますし，時代による気候の変動も大きかったので，光周性のしくみや性質を変えた種が繁栄しているようにも思えます。変わらない時計と巧みに変化する光周性，生物のもつ二つの時間感覚獲得の謎が，これからの大きな課題です。

小山時隆 Tokitaka Oyama

京都大学大学院理学研究科植物学教室形態統御学研究室・准教授。熊本県生まれ。1998年，京都大学理学博士。著書は『きちんと分かる時計遺伝子』（共著，白日社），『時計遺伝子の分子生物学』（共著，シュプリンガー・フェアラーク東京）など。光合成生物（主にウキクサとシアノバクテリア）を材料に，生物時計と光周性の研究を行っています。生物に特徴的な時間に深く関わる生体システムについて，その動作原理とその進化過程の解明を目指して研究しています。

4 多様な光環境への動物の適応メカニズム

03

動物はまわりの光環境に応じてさまざまな反応や行動を起こすことが知られています。この時に光センサーとして重要な働きをするのがロドプシン類とよばれる光受容タンパク質群です。動物はその生活環境にあわせて，このロドプシン類を多様化させています。私たちは，ロドプシン類の機能発現および機能多様化の分子メカニズムについていろいろな解析法を駆使して研究しています。

光受容に特化したGタンパク質共役型受容体
——ロドプシン類

私たちの日常生活のなかで，視覚は非常に大きな役割を果たしています。実際，まわりから受け取る感覚情報の約90％が視覚を通じて得られているといわれます。また，脳の約半分が視覚の情報処理にかかわっています。光はまっすぐに進むことやその伝わる速度が非常に速いことなどから，情報の媒体として優れているからでしょう。そのため，動物は光情報をさまざまに利用するように進化してきたことがうかがわれます。

動物の眼の視細胞には，光を受容するために特別に分化したタンパク質が存在します。このタンパク質は視物質とよばれ，ビタミンAの誘導体であるレチナールを分子内に含んでいます。ビタミンAが欠乏するとものが見えにくくなりますが，それは視物質が機能するのにビタミンAが必須だからです。視物質のなかで最も研究が進んでいるのはロドプシンで，これは脊椎動物の眼の桿体視細胞（後述）に含まれています。そのために，視物質のことをロドプシン類とよぶことも多くあります（図1）。

4 多様な光環境への動物の適応メカニズム

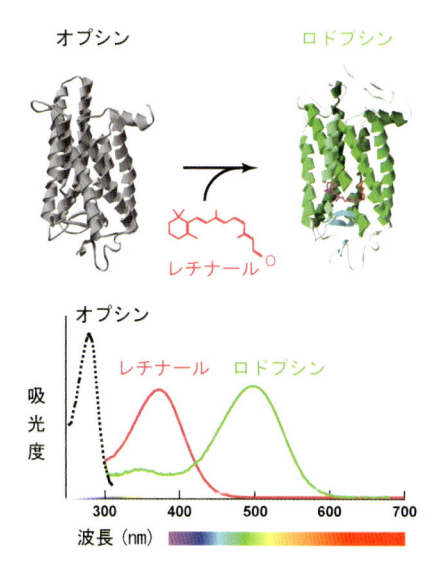

図1：レチナールとロドプシンの吸収スペクトル
ロドプシンは，タンパク質部分（オプシン）にレチナールが共有結合することにより，可視光を吸収できる。

　私たちは，どのようなメカニズムでロドプシン類が光を受容し，さらに後続の三量体Gタンパク質へ光シグナルを伝達するかについて研究しています。また，分子レベルで解析したロドプシン類の分子特性が，細胞の応答や動物の生理機能にどのように反映されているのかについて解析をおこなっています。ロドプシン類と同様の分子構造を有する受容体タンパク質（Gタンパク質共役型受容体）をコードする遺伝子はヒトの全遺伝子の約3％あると報告されており，これら受容体の分子特性を明らかにする上でもロドプシンの研究は有用であると考えます。ここでは，①遺伝子改変マウスを用いた視覚のロドプシン類の機能解析と，②非視覚の光受容に関わる新規ロドプシン類の機能解析，についての最近

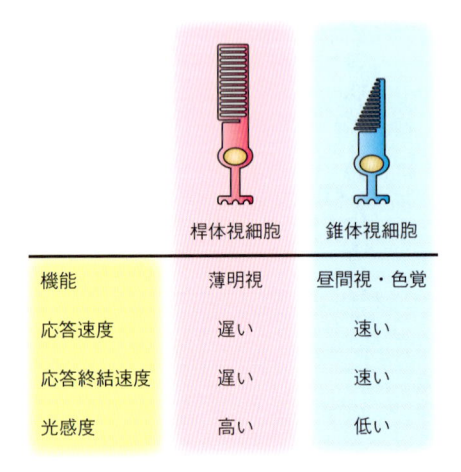

第3章 眼，光合成，体内時計——生物の光利用

	桿体視細胞	錐体視細胞
機能	薄明視	昼間視・色覚
応答速度	遅い	速い
応答終結速度	遅い	速い
光感度	高い	低い

図2：脊椎動物の桿体視細胞と錐体視細胞の形態と応答特性の比較
桿体と錐体は網膜において形態的に区別することができる。また，機能的にも光感度や応答特性の点で異なる。

の成果を紹介します。

脊椎動物の2種類の視細胞の応答特性を決めるロドプシン類の性質

　私たちは，太陽の照りつける真夏の昼間でも月の出ていない真夜中でも，ものを見ることができます。これら二つの明るさは$10^8 \sim 10^9$倍も違うのですが，私たちの眼には2種類の視細胞，薄暗がりで働く「桿体」と明るい所で働く「錐体」があり，これらが分担して働いています（図2）。両視細胞の働く光環境は1000倍程度異なっており，さらにそれぞれが1000倍程度の光強度の変化（ダイナミックレンジが10^3）に応答することができます。また，背景の光の強度によって応答感度を変化させることもでき

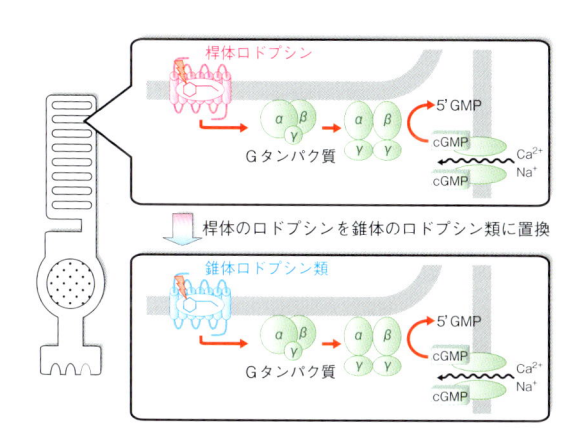

図3：桿体に錐体ロドプシン類を異所的に発現させた遺伝子改変マウスの作製
このマウスでは，桿体の情報伝達過程にかかわるタンパク質のうち，ロドプシン類以外は変わらない。

ます。これらを総合して，ダイナミックに変化するまわりの光環境に適応しています。桿体と錐体の応答特性はよく調べられており，桿体は光感度が高いのですが応答は遅く，錐体は応答が速いのですが感度が低いことが知られています（図2）。つまり，桿体は応答速度を犠牲にして光感度を高めた視細胞であって，錐体はその逆に応答速度を上げて速い感度調節ができるように特化した視細胞といえます。

両視細胞の応答速度や感度が違うのは，両者の光情報伝達過程において種類は同じですが性質が異なるタンパク質が働いているためです。私たちはこれまでに，桿体と錐体に含まれるロドプシン類の性質を比較検討してきました。その結果，光を受けたあとに生じるGタンパク質を活性化する中間状態について，錐体のロドプシン類では桿体のものに比べて速く生成し，速く崩壊することを見出しました。これは，応答までの時間が短く応答の終結

も速いという錐体の応答特性とよく一致しています。そこで，桿体と錐体のロドプシン類の性質の違いが，桿体と錐体の応答特性の違いに実際に反映されているのかを検証するために，桿体のロドプシンの代わりに錐体のロドプシン類をもつ遺伝子改変マウスを作製して解析しました。

作製したマウスの桿体ではロドプシン類の性質は変わっていますが，そこからシグナルを受け取るその他の分子はそのままです（図3）。したがって，ロドプシン類の性質の違いと視細胞の応答特性の違いとの関連を検討できるモデル動物といえます。作製したマウスの桿体の応答特性を電気生理学的に解析したところ，より強い光刺激を与えないと応答が観測できず（感受性の低下），シグナルの増幅効率が小さくなっていました。これは，桿体に比べて錐体のロドプシン類は活性状態の寿命が短く，活性化するGタンパク質の分子数が少なくなったためと考えられました。

さらにこのマウスでは，光刺激をしたあとの記録が変わるだけでなく，光刺激をしていないときの記録も変わっていました。暗状態での電気的ノイズ（暗ノイズ）が大きくなっていたのです。これまで，光を受容していない桿体のロドプシンはまわりの熱によりGタンパク質を活性化する状態になる確率が非常に低いことが知られており，一方，錐体のロドプシン類ではそれほど低くないと推定されていました。遺伝子改変マウスの解析結果からは，まわりの熱による錐体のロドプシン類の活性化が桿体のものに比べて頻繁に起きていて，その結果として暗ノイズが大きくなったと解釈できました。つまり，ロドプシン類の暗状態での熱安定性が視細胞の応答特性に影響を与えていることがわかりました。視細胞の暗ノイズが大きくなると，弱い光刺激で少量のロドプシン類を活性状態にしてもノイズとの区別をつけることができません。桿体が薄暗がりの弱い光の環境で働くためには暗ノイズを低く抑

える必要があり，熱安定性の非常に高い桿体のロドプシンの性質が重要になってきます。これらの結果は，ロドプシン類の多様化が桿体と錐体の応答特性の違いをもたらす大きな原因となっていることを示しており，そのおかげで幅広い光環境に適応する光受容システムが構築されたと考えることができます。

視覚以外の光受容に関わる新規ロドプシン類
—— Opn5

動物は視覚によりものの形や色を知る以外にも，まわりの光環境の変化を情報として利用しています。私たちは強い光にあたると無意識に眼の瞳孔を収縮させて眼の中に入る光量を減らします。また多くの動物は光環境の変化から，1日のうちの何時であるかや，いつの季節であるかを認識します。さらに動物によっては，光環境にあわせて体色を変化させたりします。動物において最も重要な光受容器官は眼で，私たち哺乳類では眼以外で光を受容しているという明瞭な証拠は現在のところありません。しかし，哺乳類以外の脊椎動物や昆虫などの無脊椎動物の多くにおいては，眼以外の脳などで光を受容していることが分かっています。このような非視覚の光受容にもロドプシン類が重要な役割を果たすことが最近わかってきました。実際，最近のゲノム解読のめざましい進展により，さまざまな動物から多くのロドプシン類が見いだされています。なお，哺乳類では眼の視細胞以外の神経細胞の中に非視覚に関与するロドプシン類が含まれていると考えられています。これらロドプシン類はその分子中に共通してレチナールを含んでいますが，アミノ酸配列が違っています。そのため，それぞれの分子の性質が異なります。ロドプシン類はそのアミノ酸配列の違いによっていくつかのグループに分類でき（図4），ヒトのゲノムには9種類のロドプシン類が見つかっています。これら

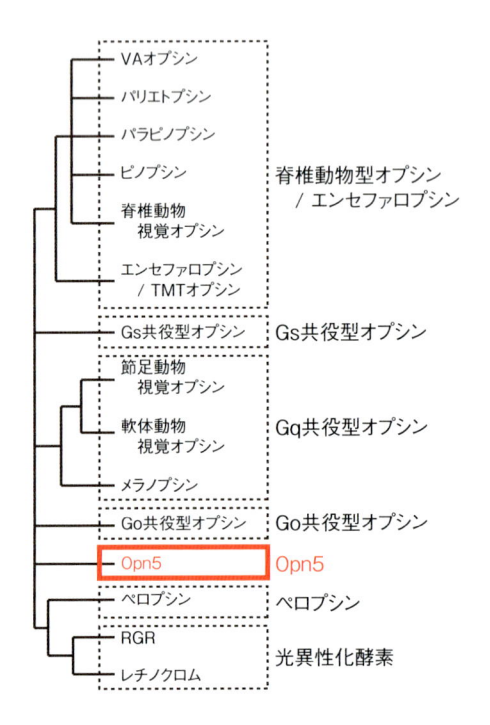

第3章 眼,光合成,体内時計——生物の光利用

```
├─ VAオプシン
├─ パリエトプシン
├─ パラピノプシン            脊椎動物型オプシン
├─ ピノプシン                /エンセファロプシン
├─ 脊椎動物視覚オプシン
└─ エンセファロプシン/TMTオプシン

── Gs共役型オプシン          Gs共役型オプシン

├─ 節足動物視覚オプシン
├─ 軟体動物視覚オプシン      Gq共役型オプシン
└─ メラノプシン

── Go共役型オプシン          Go共役型オプシン

── Opn5                      Opn5

── ペロプシン                ペロプシン

├─ RGR                       光異性化酵素
└─ レチノクロム
```

図4:動物のロドプシン類の分類
ロドプシン類は共通の祖先からアミノ酸配列を変化させることにより多様化していったと考えられる。

のうち視覚の光センサーとして働くのは,桿体のロドプシンと錐体の三つのロドプシン類の計4種類です。残りの5種類は非視覚の光受容に関わると想像されていますが,その分子の性質や生理的な役割については明らかでないものもあります。

そのような機能未知のロドプシン類の一つがOpn5です。このOpn5はヒトのゲノムから見つかった最も新しいロドプシン類で,眼と脳内に存在すると報告されていますが,吸収する光波長や存在する詳細な部位については明らかではありませんでした。

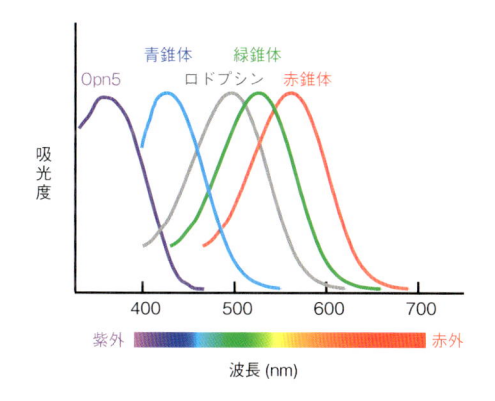

4 多様な光環境への動物の適応メカニズム

図5：ヒトの視覚のロドプシン類と Opn5 の吸収スペクトル
ヒトの眼の視細胞には，ロドプシンと3種類の錐体ロドプシン類（赤・緑・青にそれぞれ感受性が高い）がある。

Opn5 は体内における含有量が少ないため，分子の性質を明らかにするには人工的にタンパク質を作製する必要がありました。そこで私たちは試行錯誤を行い，ニワトリの Opn5 のタンパク質を人工的に作製することに成功しました。すると当初の予想に反し，このロドプシン類は紫外光に高い感受性を示すものでした（図5）。つまり，紫外光を吸収し G タンパク質を活性化するのです。また，ニワトリのどの部位に存在するか解析したところ，眼と脳の松果体・視床下部室傍器官に存在していました。松果体と室傍器官はそれぞれ，時刻と季節の認識に重要な光受容部位であると考えられていたため，Opn5 はこれらの生理応答に関わる可能性があります。つまり，Opn5 はニワトリにおいて多様な光受容に関わるロドプシン類であると想像できます。この Opn5 は魚からヒトまで多くの脊椎動物が持っており，それらも紫外光に高い感受性を示すと予想されます。ヒトの眼には，赤・緑・青にそれぞれ感受

性の高い3種類の錐体ロドプシン類があり色識別に重要な働きをしますが、これらがカバーする波長領域が"可視"光です。Opn5の働きにより、視覚では"紫外"光となる波長も非視覚においては"紫外"ではなく"可視"光のようです。しかしまだ、ヒトにおいてOpn5の生理的な役割は明らかではありません。1日や1年の間で紫外光の量は変化をしますので、その変化を認識することに一役買っているのかもしれません。多くの動物でなぜ紫外光を感じる必要があるのか、今後も興味が尽きません。

おわりに

動物は広範な光の強度や波長に対応するだけでなく、光情報を利用してまわりの環境で起こる広範な時間領域の変化に対応しています。飛んでくるボールをキャッチするには秒以下の反応が必要であり、一方、季節変化を感じるには日・月・年単位での認識が必要です。では、同じロドプシン類をセンサーとする光受容システムをそれぞれに応じてどのように特殊化していったのでしょうか。このような点を明らかにするためには、生体内での生理的な役割がよくわからないロドプシン類を含めて機能解明を進めることが必要です。さらに私たちは、先祖型のロドプシン類から何億年という時間をかけてどのように多様化したのかを、生物機能の多様化と関連づけて明らかにしていきたいと思っています。

七田芳則 Yoshinori Shichida

京都大学大学院理学研究科生物物理学教室分子生体情報学研究室・教授。大阪市生まれ。1979年、京都大学理学博士。著書は『動物の感覚とリズム』（共著、共編、培風館）など。大学院時代から現在まで、ずっと大文字を見ながら研究を続けている。興味はロドプシン類の物理化学的性質から進化学的性質まで、時間スケールでは10^{30}に広がっている。

❹ 多様な光環境への動物の適応メカニズム

山下高廣 Takahiro Yamashita

京都大学大学院理学研究科生物物理学教室分子生体情報学研究室・助教。大阪市生まれ。2002年，京都大学理学博士。ロドプシンなどのG蛋白質共役型受容体の機能発現メカニズムの解析を中心とした研究活動を行っており，G蛋白質共役型受容体に始まる細胞内情報伝達系の多様な機能とその分子メカニズムに興味がある。

5 なぜヒトとサルの色覚は進化したのか？

03

すべての動物には捕食される危険があります。生物は生き延びて自分の遺伝子を次世代に残すため，捕食者から逃れようとさまざまな防御法を進化させてきました。少しでも早く捕食者を見つけ出す能力も，そうした防御法の一つといえるでしょう。ところであなたは，道を歩いていてヘビを見つけ，ぎょっとしたことはありませんか？　こうしたヘビへの恐怖はいったいいつからはじまったのでしょう？　ここでは，私たち人間を含む霊長類のヘビに対する恐怖と，色を見分ける感覚，つまり色覚の進化との関係について考えてみたいと思います。

はじめに

　私たち人間を含む霊長類は，視覚，とりわけ色覚が発達した動物だといわれています。ほとんどの哺乳類が2色色覚で，色を見分けるよりは夜の暗闇で活動する生活を送っているのに対し，ヒトやサルは3色色覚（赤と緑を見分ける）で，おもに昼間に活動します。しかし，なぜ哺乳類のなかで高等霊長類だけが例外的に色覚を進化させたのかは，長い間謎とされてきました。私たちは，この問いに対して一つの仮説を立て，それを実験的に証明しようと取り組んでいます。その仮説とは，ヒトの先祖を含むサルたちは，色を見分けることで捕食者をいち早く見つけ出せたのではないか，というものです。つまり，少しでも早く天敵を見つけ出す能力こそ，色覚だったのではないかと考えたのです。

　霊長類の天敵には，食肉類（ヒョウやトラなど），猛禽類（ワシやタカなど），そしてヘビの仲間がいますが，このなかで最も歴史のあるのがヘビだといわれています。現在，サルを食べる（可

5 なぜヒトとサルの色覚は進化したのか？

(a) (b)

図1：ヘビに出会うサル
(a) 小川にいるヘビ（中央）に向かって警戒音を発するカニクイザル。
(b) 左の写真のヘビを拡大してみた。

能性がある）ヘビは種全体の1割にも満たないのですが、捕食されなくても咬まれればそれなりの痛みをともないますし、毒蛇に咬まれれば命を落とすこともあります。ヘビがサル類にとって危険な動物であることに異論はないでしょう。

実際、野生のサルがヘビを怖がるという報告は数多く存在します。私はかつて、インドネシアでカニクイザルというニホンザルに近縁のサルを観察したことがありますが、ある日、サルたちがいっせいに川の中央に向かって警戒音を発し、大騒ぎになったことがあります。見ると、小さな小川を80cmほどのヘビが泳いでいるのです（図1）。この騒ぎはヘビが私たちの視界から消えるまでつづきました。

学習によって会得される恐怖

「サルは生まれつきヘビを怖がるの？」と、よく質問されます。

じつは研究施設で生まれ，ヘビと遭遇した経験をもたないサルは，まったくヘビを怖がりません。しかし，このヘビを怖がらないサルに，野生由来のサルがヘビを見せられ怖がっているビデオ映像を見せると，それをすぐに学習してヘビを怖がるようになるのだそうです。したがって，ヘビへの恐怖は直接の経験または他個体の行動の観察学習によって身につけるものだといえるでしょう。ここで少しいたずらをしてみます。ビデオ映像を加工して，野生のサルが花を怖がっている動画を作成するのです。これを見た実験室育ちのサルは花を怖がるようになるでしょうか？　結果はそうなりませんでした。この研究により，ある生物に対する恐怖は学習によって会得されるけれども，どんな対象でも恐怖の的になるのではないことが明らかになりました。

　さて，話をヒトに戻しましょう。ヘビを怖がるヒトは多くいます。「ヘビ恐怖症」というのも存在します。ヘビを見ると冷や汗が出たり震えが起きたりして，平静ではいられない人びとのことです。現在，とくに先進国では，ヘビに咬まれて死んでしまうことはほとんどありません。それよりもっと多くの人びとが，交通事故や銃によって命を落としています。それでも，自動車恐怖症や銃恐怖症のヒトよりヘビ恐怖症のヒトのほうがずっと多いのです。こうしたことは，どのような対象に恐怖を抱くかという現象が少なからず進化の産物であり，現代文明である自動車や銃にはまだ対応できていないことを示しているのでしょう。

花のなかのヘビ

　エーマンという研究者は，ヒトが恐怖の対象となるものをより早く見つけ出すという実験を応用して，ヒトはたくさんある花（恐怖の対象とならない生物）の写真のなかからヘビ（恐怖の対象となる生物）の写真を見つけ出すほうが，その逆よりも早くできる

5 なぜヒトとサルの色覚は進化したのか？

(a) 花の中からヘビを探す

(b) ヘビの中から花を探す

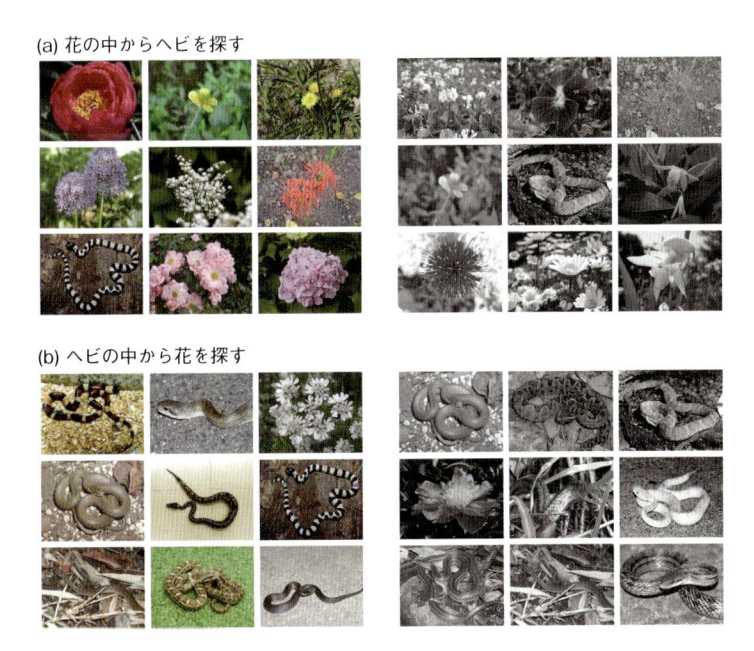

図2：モニターに映し出される画像
9枚の写真のなかから1枚だけを選んでもらう。(a) 花のなかからヘビを探す。(b) ヘビのなかから花を探す。

ことを示しました。しかも，花を探すときはまわりにあるヘビの写真が増えると探索時間が長くなるのに，ヘビを探すときはまわりにある花の写真が増えても探索時間が変わらないのです。これは，脳が無意識にヘビの写真を探し出してしまい，ヒトの目にはヘビだけが飛び込んでくるように映ることで起こる現象だと考えられています。このように花よりもヘビを早く見つけ出す能力は，就学前の小さな子どもやニホンザルにもあることがわかっています。

ところで，ヘビを早く見つける能力において，色覚はどのよう

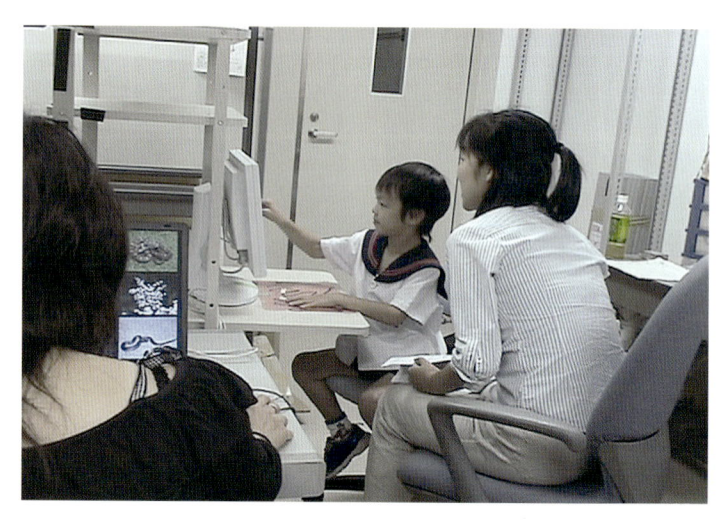

第3章 眼，光合成，体内時計──生物の光利用

図3：実験をする子どもの様子

な役割を果たしているのでしょう？　じつはすでに先行研究で，ヒトの大人では写真が白黒になっても検出にかかる時間は変わらないという結果が出ています。色情報はヘビの検出にあまり役立たないのでしょうか？　しかし，大人で差がなかったからといって子どもでも差がないとはいえません。

子どもたちの実験

さて，私たちがおこなった実験には，4歳から6歳の子どもたち122人に参加してもらいました。タッチパネルの前に座った子どもたちに，「たくさんあるヘビさんの写真のなかからお花を探してね」，あるいはその逆をお願いしました（図2，図3）。カラーまたは白黒の写真がランダムに表示されてから子どもが対象の写真をタッチするまでの時間を，コンピュータで自動計測します。こうして得られたそれぞれの探索時間を，ヘビと花，白黒と

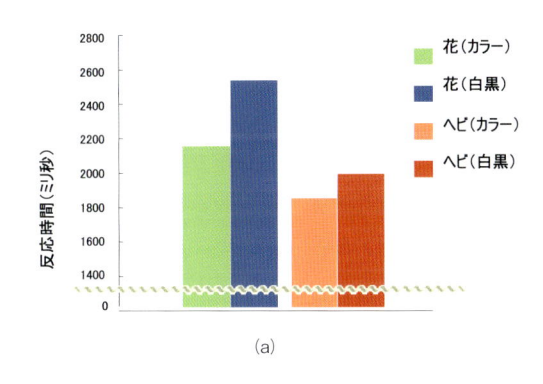

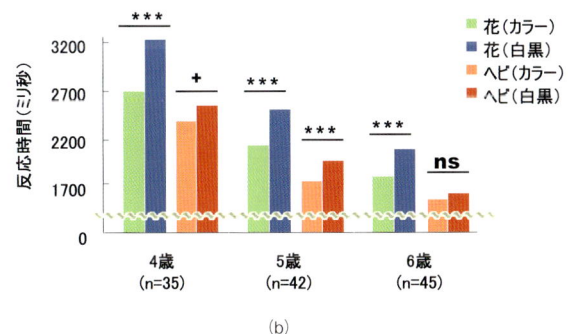

図4：実験結果

(a) 四つの対象それぞれの探索にかかった時間。子どもたちは花よりもヘビを，また，白黒写真よりもカラー写真で早く見つけることができる。さらに，ヘビを探すときは写真が白黒になっても探索時間はあまり変わらないことがわかる。

(b) 同じデータを年齢別に分けてみた。どの年齢の子どもも，花を探すときはカラー写真と白黒写真で探索時間に差があるが，ヘビを探すときは4歳，5歳では差があるものの，6歳になると差がなくなってしまう（早川他「SCIENTIFIC REPORTS」DOI: 10.1038/srep00080 より一部改変）。

カラーで比較しました。

結果は従来の研究と同じでした。子どもたちの場合も，ヘビの

第3章 眼，光合成，体内時計——生物の光利用

なかから花を探すより花のなかからヘビを探すほうが探索時間は短かったのです。また，どちらを探す場合も白黒写真よりカラー写真のほうが探索時間が短くなることもわかりました（図4a）。それでは，探す対象がヘビであるか花であるかによって，色情報の有無が探索時間に与える影響は変わるのでしょうか？　じつは変わりました。花を探すときは，色がなくなることによってスピードが大きく落ちましたが，ヘビを探すときは，色の情報がなくなることでたしかに探索時間は長くなったものの，花と比較するとそれほど大きくは変わらなかったのです。

では，年齢別にデータを見てみましょう。4歳から5歳，6歳と発達が進むにつれて，ターゲットが花であれヘビであれ探索時間は短くなります（図4b）。カラー写真と白黒写真の差はどうでしょうか？　探す対象が花であるときは，どの年齢でもカラー写真と白黒写真で探索時間に差があることがわかります。ところが，探す対象がヘビになると，4歳と5歳では探索時間に差があるのに，6歳では差がありません。これによって，4歳，5歳という発達初期には，大人と異なりヘビを探すのに色情報を使用しているけれども，6歳という発達後期にさしかかると，大人と同じく色情報をあまり使用しないことが示唆されました。

恐怖の学習に必要なもの

ここで結果をまとめてみましょう。まず，小さな子どもも，ヘビを探すのは花を探すのより早くできることがわかりました。また，ヘビを探すときは花を探すときほど色の情報を使用していないことがわかりました。花は，ダリア，朝顔，ユリ，彼岸花などさまざまな形のバリエーションがあり，ヘビと比較すると「このような形をしていたら花！」という決まった単一のプロトタイプがありません。代わりに花には，「色がきれい」「色が鮮やか」と

いう色情報をもとにしたイメージがあります。このため、写真が白黒になり色情報が使用できなくなると探すスピードが落ちてしまうのだと思われます。先行研究においても、決まった形のプロトタイプをもたない対象を探索する際に、色情報がとくに役立つことが報告されています。他方、ヘビは花と比較すると体が細長くて足がないという単純な形をしています。このような決まったプロトタイプをもつ生き物は、色情報を使用しなくても探索が容易なのだと思われます。

　さらにこの実験からは、発達の初期の段階ではヘビを探すのに色情報を使用するけれども、発達の後期では色情報をほとんど使用しないことがわかりました。これはいったいどのように解釈できるでしょう？　最初に、サルのヘビに対する恐怖は学習して学ぶものだと述べました。これはヒトも同じで、赤ちゃんが生まれつきヘビを怖がることはありませんが、ヘビの動画とともに親が怖がっている声を後ろから聞かせると、ヘビの画像を長く見るようになることがわかっています。これは、赤ちゃんが親の声を参考にヘビへの恐怖を学んでいる過程だと考えられます。しかし、この学習は、ヘビの動画をただの静止画像に変え、「動き」の要素をなくすと起こりにくくなることもわかっています。ヘビ特有の「にょろにょろ」という動きが、学習の過程では必要らしいのです。くどいようですが、ヘビへの恐怖は生まれつきではなく、学習によって獲得されます。その学習では、恐怖の対象となりうる動物の正体を的確に把握し、記憶することが重要です。そのため乳児あるいは幼児は、学習に「動き」や「色」などの情報を含む、より本物に近い具体的なイメージを必要とするのでしょう。さらに、捕食者の餌食になりやすいのが幼い個体であることは、あらためて指摘するまでもないでしょう。その時期に色覚を発達させることは、捕食を回避し生存率を高めるうえで、きわめて有

効な対処法であったと考えられるのです。

早川祥子 Sachiko Hayakawa

京都大学霊長類研究所行動神経研究部門認知学習分野・グローバルCOE研究員を経て，(株)シュプリンガー・ジャパン編集部。愛知県小牧市出身。2003年，京都大学理学博士。野生霊長類の行動とその結果として起こる血縁度の研究に従事してきたが，近年はヒトの子どもを対象とした認知実験や小型類人猿の発達の研究など，新分野に手を広げつつある。

正高信男 Nobuo Masataka

京都大学霊長類研究所行動神経研究部門認知学習分野・教授。大阪市出身。1983年，大阪大学学術博士。認知・学習の進化などの研究をおこなっている。著書に『ことばの誕生——行動学からみた言語起源論』(紀伊國屋書店)，『ニホンザルの心を探る』(朝日選書)，『ケータイを持ったサル——「人間らしさ」の崩壊』(中公新書)など。

Column コラム③

ちょっとの変化で十分

　私はカワスズメ科魚類（Cichlid：シクリッド）の視覚や，チンパンジー，ニホンザル，アカゲザルの味覚に注目して研究をおこなってきました（図1）。共通点はタンパク質の形です。

　Gタンパク質共役型受容体（GPCR）は，ヒトゲノム中に1000個ほど存在します。そのうち約400個は揮発性の化学物質を受容する嗅覚受容体です。視覚を担う光受容体や，味覚を担う甘味受容体，苦味受容体などもこの仲間に入ります。そのほかにもホルモンや神経伝達物質の受容体などがあり，GPCRの機能は多岐にわたります。

　GPCRに共通の構造は，細胞膜にわたる七つの膜貫通ヘリックスです。細胞膜を円柱が7本貫通し，それが1本の紐でつながれたような形状をしています（図2）。膜を貫通している形ゆえ，細胞の外部の情報を内部へと伝えることに非常に適しています。GPCRの形や機能はアミノ酸の並び方で決まっており，そのアミノ酸の並びを決定しているのが塩基配列（ゲノム）です。ゲノムには，時間の経過とともに一定の割合で塩基配列の変化が蓄積されます。塩基配列の変化の蓄積が生物の多様性，つまり種間の多様性および種内の個体間の多様性を生み出す要因となっているのです。

　シクリッドにおいて，光受容体の一つロドプシンを調べてみま

図1：カワスズメ科魚類，チンパンジー，ニホンザル

図2：7回膜貫通構造の模式図

した。光受容体は光に反応します。もちろん蛍光灯の明かりのもとでも反応が起こります。そのため，光受容体の解析をおこなう際は，必ず暗闇で実験しなければなりません。暗闇といってもまったくの暗黒では実験できませんので，700nm 付近の長波長側の光しか通さないフィルターを装着したヘッドライトの明かりのもとでおこないます。このフィルターを使用すると，そこは全体的に赤っぽく薄暗い世界です。赤いサインペンで文字を書くとまったく見えませんし，視野が狭いので，ものを落としたときには探すのが非常に困難です。ただ，薄明かりのもとで実験をつづけていくと，目がだんだん暗闇に慣れ，実験にはあまり支障ありません。しかし，そこから昼間の明るさに戻っても，すぐにものを見ることができます。生物の目は非常によくできているな，としみじみ思う瞬間です。

　さて，ロドプシンのアミノ酸配列（全長 354 アミノ酸）をシクリッドの種間で比較すると，それぞれの種がそれぞれ種特異的なアミノ酸配列をもっていました。光受容体の機能は，ある範囲の波長の光を吸収することです。それぞれの種のロドプシンは機能を規定しているアミノ酸の並びが異なるので，ロドプシンの機能もそれぞれの種で異なる，つまり吸収する光の波長の範囲がそれぞれの種で異なるのではないかと予想しました。予想に反し，吸収する光の波長の範囲はおもに二つのタイプに分かれました。さらに機能解析を詳細におこなった結果，7 本目の膜貫通ヘリックスに位置するたった一つのアミノ酸の違いによって，吸収する光の波長の範囲の異なる二つのタイプに分けられていることがわかりました。また，この二つのタイプはシクリッドの生息域，すなわち水深の浅い所に生息している種類と深い所に生息している

種類に対応していることがわかりました。多くのアミノ酸置換が見つかりましたが，シクリッドにおいて生息する深さを分けているのは，この1か所の違いによるということがわかったのです。

　生物の進化の過程では，長い年月をかけて多くの塩基の変化がゲノムに刻まれていきますが，遺伝子の機能を変え，生態・行動に変化を起こすには，たった1塩基の置換があれば十分な場合もあります。生物の進化においては，ゲノムのちょっとした変化が個体に大きな影響を与えるのかもしれません。

菅原　亨 Tohru Sugawara

京都大学霊長類研究所人類進化モデル研究センター・非常勤研究員を経て，（独）国立成育医療研究センター・再生医療センター　生殖・細胞医療研究部・研究員。茨城県生まれ。2006年，東京工業大学理学博士。7回膜貫通型の構造をもつGタンパク質共役型受容体である光受容体と味覚受容体を対象に，比較ゲノム・生化学的な見地からその機能進化を解析してきた。対象生物としてはカワスズメ科魚類（シクリッド）やチンパンジー・ニホンザルなどの霊長類に注目をした。現在は独立行政法人国立成育医療研究センター研究所に所属している。

第4章
「会話」をする動物，植物
コミュニケーション

04

1 イルカの音から彼らの生活を垣間見る

2 「歌」を歌うサル　　テナガザルの多様な音声

3 やわらかなゲノムを科学する

4 植物たちのコミュニケーション

5 葉っぱの香りの生態学

コラム④　オニオオハシの秘密

我々はひとりでは生きていけません。他のどんな生物もしかりです。同種であれ，異種であれ，餌であれ，天敵であれ，まわりの個体と情報のやり取りをすることは生きるために必須です。

　まず具体例として，水の中で生きるイルカと森の中で生活するテナガザルが，音をどのようにコミュニケーションに使っているかを紹介します。次に，情報の発信と受信に使われる，見たり，聞いたり，嗅いだりする感覚がどのように進化するのかを遺伝子の側面から分析します。そして，実は植物も，香りという信号を使って，他の植物や動物と盛んにコミュニケーションしていることを示します。

　まわりの情報に臨機応変に対応して，自己の存在を維持するという能力も，生き物ならではの特徴なのです。

1 イルカの音から彼らの生活を垣間見る

04 イルカは音を用いて外界を「見る」能力をもち、音によるコミュニケーションも発達させた、「音の世界に生きる」動物です。そんなイルカの音から、彼らの生活を垣間見てみましょう。

イルカとクジラ

イルカとクジラ、みなさんが抱いているイメージはかなり違うものだと思いますが、じつは小さい種をイルカ、大きい種をクジラと慣習的によんでいるだけで、生物学的にはどちらも「鯨類」に含まれます。鯨類を大きく二分するのは、ヒゲ板（図1a）をもつヒゲクジラ類と、歯（図1b）をもつハクジラ類です。ヒゲクジラ類はみんな大きいので、クジラとよばれるものしかいません。ハクジラ類は大きいものから小さいものまでいるので、クジラとよばれるものもイルカとよばれるものもいます。私の研究の中心はハクジラ類ですので、ここではハクジラ類を総称して「イルカ」とよぶことにします。

イルカの発する音

イルカは大きく分けて三つのタイプの音を発します。イルカには、みずから発してはねかえってきた音（エコー）を聞き、前方にある物体までの距離やその形、質感などの情報を得るエコーロケーション能力があります。この際に用いる音をクリックス（clicks）とよび、私たちには「カチカチカチ……」「ジー」などと聞こえることがあります。喧嘩や威嚇など、社会的な文脈で用いる音はバーストパルス（burst-pulse）とよばれ、「ガッガッ」「ブ

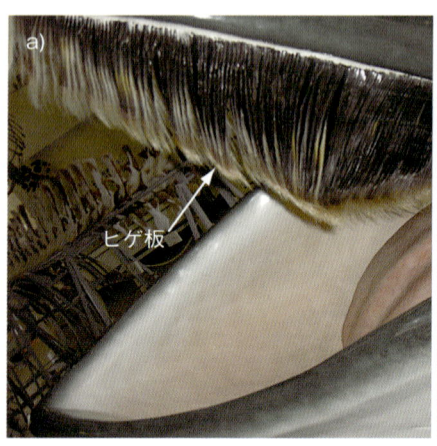

第4章 「会話」をする動物，植物——コミュニケーション

図1：ヒゲクジラ類とハクジラ類のちがい
(a) ヒゲクジラ類，(b) ハクジラ類。

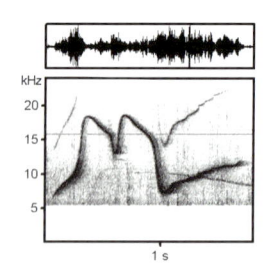

図2：ホイッスルの個体特有の"声紋"
横軸が時間，縦軸が周波数（音の高さ）を表す。

ー」「ミャー」などと聞こえます。群れがばらばらにならないようにしたり，よびあったりする音はホイッスル（whistle）とよばれます。この音だけは純音で，その名のとおり口笛のような「ピュイー」という音に聞こえます。

図3：ミナミハンドウイルカ
御蔵島にて。酒井麻衣撮影。

ホイッスル

　私はこれまでホイッスルを中心に研究してきました。イルカたちはホイッスルをさまざまな文脈で用いているようです。ホイッスルは個体ごとに特徴があり（図2），そこには名前のような個体の情報が含まれているといいます。お互いのホイッスルを真似してよびあうこともしばしばあります。イルカたちはホイッスルでいったい何をやりとりしているのだろうか，というのが現在の私の研究です。

　イルカたちはホイッスルを群れ生活のなかで用いています。真似をしたり，親から学習したりすることによって，群れ内のホイッスルは全体的に似ており，逆に群れ間にははっきりした違いがあることが，私の研究でわかってきました。

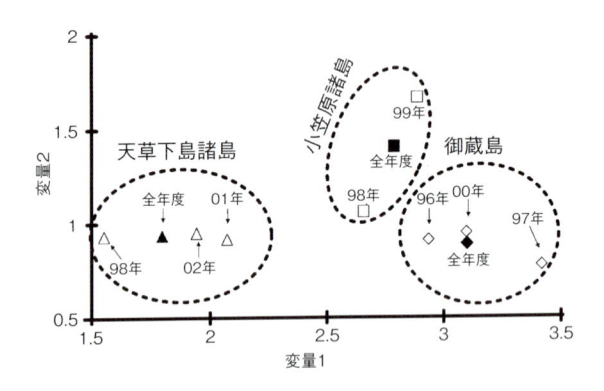

第4章 「会話」をする動物，植物──コミュニケーション

図4：ホイッスルの地域差
天草下島諸島の違いが大きい。

ホイッスルの地域差とその要因

　日本の三つの地域（伊豆諸島御蔵島，小笠原諸島，天草下島諸島）に棲むミナミハンドウイルカ（*Tursiops aduncus*，図3）のホイッスルを，さまざまなパラメータ（たとえば最高周波数など）で計測し比較したところ，年変動はあるものの，地域間にはっきりとした違いが認められました（図4）。ホイッスルは地域によって異なるのです。

　解析をしていて，天草下島諸島の海がとてもうるさいことが気になっていました。ここのイルカたちは，低くて周波数変調の少ない単調な音を大きめに発しています。こういう音は雑音のなかでも聞こえやすい性質をもっていますから，天草下島諸島のイルカは，うるさい海のなかで遠くに届きやすい音を獲得したのだと考えられます。地域間のホイッスルの違いは，こうした環境の違いから生まれるもののようです。

　天草下島諸島のイルカのホイッスルは，こんなに頑張っているにもかかわらず，せいぜい300m程度しか届かず（他の地域は

1km以上），群れの広がりも300m以下の場合がほとんどです。このことから，イルカは群れのメンバーのホイッスルが確実に聞こえる範囲に留まっていることがわかりました。つまり，ホイッスルには群れがバラバラにならないようにする働きがあるのです。

ちなみに，天草下島諸島の海のうるささの原因は，体長4〜5cmのテッポウエビという甲殻類が，その特殊化したハサミから発する「パチン」という音だと考えられます。たくさんのテッポウエビがひしめきあっているので，海がうるさいのです。逆に考えると，テッポウエビがイルカの音や群れの広がりを変えている！ といえそうです。恐るべし，テッポウエビ。

沈黙の理由

ホイッスルは群れ生活には重要なものです。しかし，一部の小さなイルカはホイッスルをもっていません。なぜだろうか，と進化系統樹を見ているうちに，なんと，ホイッスルを「失った」としか考えられないことに気づきました（図5）。ホイッスルは，ハクジラ類のなかにアカボウクジラ科が出現したときに獲得されたと考えられます（それ以前に分岐したインドカワイルカは，もともとホイッスルをもっていなかったはずです）。しかしその後，ラプラタカワイルカ科，ネズミイルカ科，そしてマイルカ科のセッパリイルカ属は，せっかく獲得したホイッスルをそれぞれ独立に失ったようです。

これらのイルカは，100kHz以下の成分をごっそり切り取ったようなクリックスを発します。100kHz以下の沈黙。また，いずれも体が小さく，小さな群れを作り，沿岸でひっそり暮らすタイプです。私はこれらのことから，「シャチに悟られないようにするための捕食者回避（隠蔽）戦略だろう」と結論づけました。シャチは100kHz以下の音しか聞こえないので，シャチに聞こえな

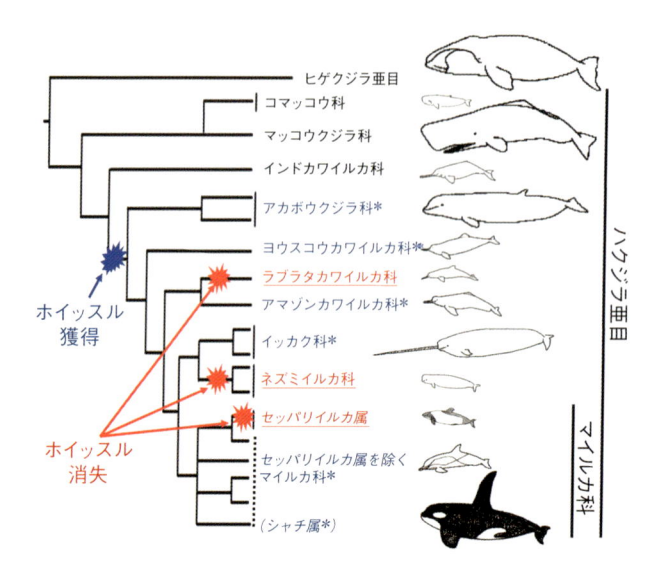

第4章 「会話」をする動物，植物──コミュニケーション

図5：鯨類の進化系統樹
　　　青の科や属はホイッスルをもち，赤と黒はもたない。

い音だけを発するように，また自分たちはシャチの音をしっかり聞くことができるように進化したグループのようです。おそらく，シャチの捕食圧にとても苦しんだ時代があったのでしょう。

ホイッスルを失って

　群れ生活に重要なホイッスルを失った種は，それをどのように埋めあわせているのでしょうか？　私はいま，ホイッスルに代わるバーストパルスでの音声コミュニケーションが存在するか否かに興味をもって研究を進めています。2008年度はアフリカ南西沿岸部にしか生息しないセッパリイルカ属のコシャチイルカ（*Cephalorhynchus heavisidii*，図6）を調査し，この種の正確な音を世界ではじめて記載しました（新発見をすると，記載論文を執

■ イルカの音から彼らの生活を垣間見る

図6：コシャチイルカ
南アフリカ沿岸にて。

図7：イロワケイルカ
鳥羽水族館にて。

第4章 「会話」をする動物, 植物——コミュニケーション

図8：イシイルカ（リクゼンイルカ型）
岩手県大槌湾沖にて。

筆・公表するのです）。バーストパルスも聞こえましたが，それほど多くは録音できませんでした。また，同じセッパリイルカ属のイロワケイルカ（*Cephalorhynchus commersonii*, 図7）の音と行動の研究を，同じ研究室の吉田弥生さんとともに水族館でおこなっています。三陸沖に生息するネズミイルカ科のイシイルカ（*Phocoenoides dalli*, 図8）の調査もはじめましたが，船が作り出す船首波が大好きで，船を止めるとたちまち泳ぎ去ってしまうので，録音はできませんでした。方法を変えてまた頑張ります。これらのイルカが，ホイッスルの埋めあわせをするような音声コミュニケーションをおこなっているのか，解明できる日を楽しみにしています。

なぜホイッスルを獲得したのか？

ホイッスルを失っても小さな群れを作ることはできます。また，

図9：ベルーガ（シロイルカ）
名古屋港水族館にて。

　マッコウクジラのように，ホイッスルをもっていないのに大きな群れを作るものもいます。そして，ホイッスルを獲得した直後に分岐したと考えられるアカボウクジラ科やヨウスコウカワイルカ科は，それほど大きな群れを作りません。私は，これまでいわれていた「ホイッスルは群れが大きくなるときに獲得された」という仮説は当てはまらないと考えています。

　それではなぜホイッスルを獲得したのでしょうか？　この問いに答えるためには，ホイッスル研究のほとんどが，これまではマイルカ科でおこなわれてきたという偏りを解消しなければなりません。しかし，アカボウクジラ科は大きく，深海にもぐる種であり，調査は困難を極めます。ヨウスコウカワイルカ科は，残念ながら絶滅宣言が出されています。そこで私は，イッカク科のベルーガ（シロイルカ，図9）の音声行動を水族館で研究しています。どうやらベルーガのホイッスル使用方法は，マイルカ科のものと

まったく異なるようなのです。ではベルーガは何のためにホイッスルを出すのか，今，この問いに答えようと頑張っています。

とことん，イルカ研究

このように，イルカは環境や捕食圧などのさまざまな外的要因に翻弄されながらも，音をうまく使って生活していることが少しずつわかってきました。進化の過程で，ホイッスルを獲得する，失うという大きな出来事があり，そのせいで社会構造なども変化しているようです。社会構造が変わると，おそらく社会認知（いかに他個体とうまくつきあうか）のやり方や能力も変わるはずです。それは脳の構造などにも影響するかもしれません。研究にも広がりが出てきそうです。また，ホイッスルが実際にどのように使われているか，についても研究を進め，イルカのホイッスルからわかることを，とことん明らかにしていきたいと思っています。このような興味を共有していただける方，ぜひご一報を！

森阪匡通 Tadamichi Morisaka

京都大学野生動物研究センター・特定助教。大阪府生まれ。2005年，京都大学博士（理学）。動物の音声と社会，その進化に興味をもち，鯨類の音声を中心に研究している。最近は鯨類の社会認知（いかに他個体とうまくつきあうか）にも興味を広げている。

2 「歌」を歌うサル
——テナガザルの多様な音声

04

ヒトのことばに比べると，多くのサルは単純な鳴き声しか出さず，音声を操る能力は乏しいとされています。しかし，類人猿のテナガザルは，「歌」とよばれる伸びやかで美しい複雑な音声を発し，ヒトに比肩しうるほどの音声ー聴覚系コミュニケーションの特殊化を果たしています。

小型で多様な類人猿

「サルの声を思い出して」といわれて，思い浮かべられる人はどの程度いるでしょうか？ 「ギャッ」かもしれないし，「フー」かもしれないし，「ウッキー」かもしれません。いずれにせよ，たくみに音声を操りコミュニケーションをおこなっている姿は想像しないでしょう。ひとくちにサルといっても種によってさまざまな音声があるのですが，ヒトのように断続的に，しかもさまざまな種類の音声をつぎつぎに発することはありません。多くは単純な鳴き声であり，複雑性が乏しいことが知られています。それは，ヒトに最も近縁とされるチンパンジーも例外ではありません。しかし，東南アジアに分布するテナガザルは，非常に複雑な「歌」とよばれる音声を発します。

現在までに確認されているテナガザル類は，北は中国・雲南省から南はインドネシア・ジャワ島まで，東南アジアを中心に広く分布しています（図1）。大型類人猿と称されるチンパンジー，ボノボ，ゴリラ，オランウータンほどには注目されていない存在ですが，れっきとした類人猿，ヒトに近縁なグループです。また，類人猿のなかでは例外的に多くの種に分化した多様性の高いグループでもあります。その系統関係や種分化の過程に関しては議論

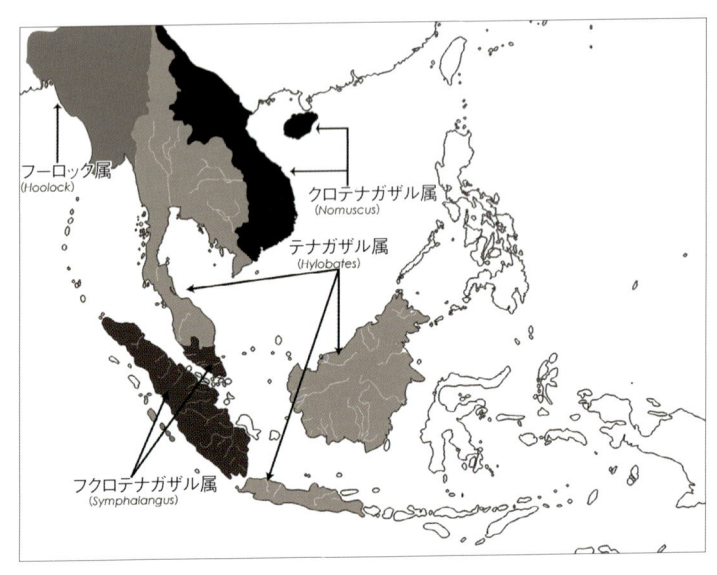

第4章 「会話」をする動物，植物——コミュニケーション

図1：現生テナガザル4属の分布
ただし，フクロテナガザル属として色分けした場所には同所的にテナガザル属の2種（シロテテナガザル，アジルテナガザル）も生息している。東南アジアの熱帯林は伐採が進んでおり，色分けした全域にテナガザルがいるわけではない。

が多く，まだはっきりとはわかっていません。

テナガザルはこれまで，四つの亜属に分類されてきました。ミャンマーからバングラデシュにかけて生息するフーロック，ベトナムから中国にかけて生息し非常に高い声を出すクロテナガザル，マレー半島とスマトラ島に生息し大柄で大きな喉袋をもつフクロテナガザル，そして，タイからマレー半島，スマトラ島，ボルネオ島などインドネシアの島々に広く分布し，日本の動物園でもよく目にするテナガザルです。しかし，近年の分子系統解析によって四つの亜属間の遺伝的距離がヒトとチンパンジーよりも遠いことが明らかにされ，亜属を属に格上げすべきだということになり

ました。最新の分類では，テナガザル属（*Hylobates*），フクロテナガザル属（*Symphalangus*），クロテナガザル属（*Nomascus*），フーロック属（*Hoolock*）の4属という分類になっています。その下位分類である種や亜種に関してはまだ議論が多く，研究者の間でも11種から14種までさまざまな見解があります。他の類人猿では見られない複雑な種分化は，更新世に起きた海水面の変化により地理的隔離が繰り返されたことが原因だと考えられています。

また，テナガザル類は霊長類のなかでもきわだって特殊化された形態的・社会生態学的な特徴をもっています。まず，小型類人猿とよばれるだけあってヒト上科のなかではきわめて小さく，体重は最大種のフクロテナガザル（*Symphalangus syndactylus*）でも10kgほど，他の種は5〜8kg程度と，ニホンザルと同程度の大きさです。体のサイズや犬歯などの性的二型性（オスメスの形質の違い）はすべての種において認められません。さらに，完全な樹上生活者であり，名前どおりの長い四肢で木から木へとすばやく飛び移ります。社会構造もユニークで，オトナメスとオトナオスの夫婦とそのコドモから構成される，2〜5頭ほどのペア型の群れを作ります。ヒトの社会にたとえると，核家族型が基本になっているわけです。

夜明け前からのコンサート

テナガザルは，「ノート」とよばれる単一の音を系列的に組み合わせて，複雑な音声を連続的に発します。そのメロディアスな響きが「歌」とよばれるゆえんです。その小さな体からは想像できませんが，テナガザルの歌は1km以上に響き渡るとされており，伝達距離は霊長類のなかでも最大級です。こうした長距離に届く音声は，他の霊長類では「ロングコール」とよばれています。い

第4章 「会話」をする動物，植物——コミュニケーション

くつかのサルのロングコールは，テナガザルの歌と同様に系列的な複数のノートからなり，10秒程度の長さをもっています。それでもなおテナガザルの音声をロングコールではなく歌と表現するのは，テナガザルの発声行動の断続性も関連しています。テナガザルの歌は，生息地においても動物園のような飼育下においても，午前中に聞こえてくることがほとんどです。たとえば，私が継続的に調査しているスマトラ島の赤道近くの町パダンに生息するアジルテナガザル（*Hylobates agilis*）は，夜明けの1時間ほど前から鳴きはじめます。朝5時ごろの暗闇のなかで，いくつもの群れがつぎつぎと歌いだし，群れの間で鳴き交わすように断続的につづきます。森全体に鳴り響く歌が5〜6時間，つまり昼近くまでつづくこともしばしばです。音声によるコミュニケーションをこれほど長時間おこなう霊長類は他にはほとんどなく，いかにテナガザルが音声−聴覚系のコミュニケーションに頼った種であるかが想像できると思います。

テナガザルの特徴的な発声行動のなかでとくに重要といえるのが，歌のパターンに見られる種特異性と性得異性です。種特異性はそれぞれの種に特有の歌があること，性特異性はオスメスに特有の歌があることを意味します。つまり，テナガザルの歌は種によってまったく異なり，性差も存在するのです。メスの歌う10秒ほどの特殊な歌はグレートコール（Great call）とよばれ，種差が非常にわかりやすいことから，種の判別に使われることもあります。図2に，テナガザル属6種のグレートコールのソナグラムを示しました。ソナグラムは音声の特徴を視覚的に現したもので，縦軸が音の高さ，横軸が時間，色の濃淡が音の強さを表します。楽譜のようなものだと考えればよいでしょう。種によってパターンがまったく異なることがわかると思います。

種に特異的な歌は1970年代に発見されたにもかかわらず，そ

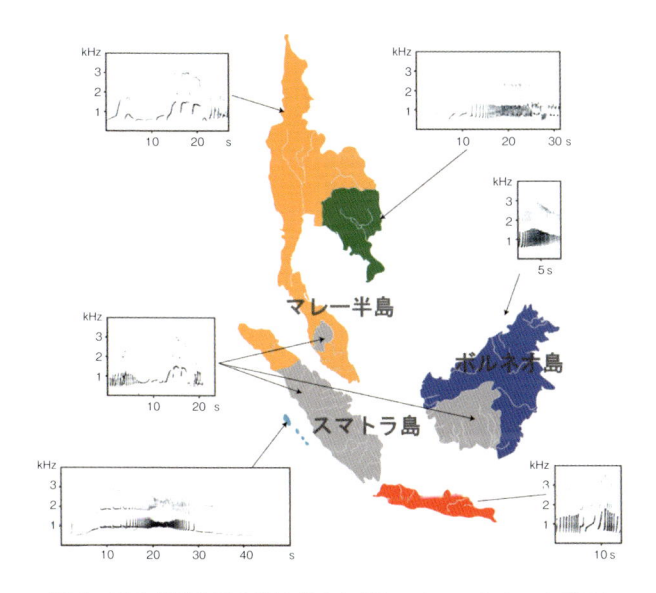

図2：テナガザル属6種の分布とグレートコールのソナグラム

の多様化・進化の過程はまだまったくわかっていません。母親のグレートコールを聞いた経験がなくても，成熟したメスは自分の種のグレートコールを発することができます。したがって遺伝的に規定された行動であることはまちがいないのですが，多様化にいたる過程はまったく検討されてきませんでした。

地形の変化と歌の変化

そこで私たちの研究グループは，アジルテナガザル（図3）を対象として音声の生物地理的な変異のパターンを検討し，歌が変容する過程を明らかにしようとしています。アジルテナガザルは，インドネシアのスマトラ島，ボルネオ島のカリマンタン区内，そしてマレー半島のマレーシア・タイ国境付近という，海峡によっ

第4章 「会話」をする動物，植物――コミュニケーション

図3：アジルテナガザル
スマトラ島パダン市郊外にて。

て分断された三つの地域に分布しています。この複雑な分布も非常におもしろいテーマで，もともとつながっていた生息地のうち，まずボルネオ島が切り離され，その後スマトラ島とマレー半島が切り離されたことがわかっています。すなわち生物地理的には，遺伝的な類似性はスマトラ島とマレー半島の間で高く，ボルネオ島のテナガザルは系統的に遠いという関係を示唆します。しかし，私たちがおこなった録音サンプリングと音響分析による比較からは，歌の特徴はスマトラ島とボルネオ島のものが比較的近く，マレー半島の歌が異なっているという結果が得られました（図4）。これは，マレー半島のアジルテナガザルの歌が，なんらかの理由で変化したことを示唆しています。

　目下のところ，私はこの原因がマレー半島のアジルテナガザル

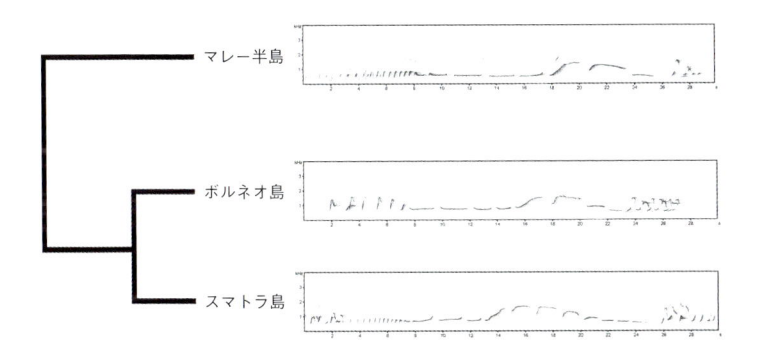

図4：アジルテナガザルのグレートコールのソナグラム
音響分析の結果，マレー半島の歌が他の地域とは異なる特徴をもつことがわかった。

の特殊な分布にあると推察しています。マレー半島の生息地は，近くにある火山の噴火で動物が激減したことのある地域です。このような場合，生き残った小集団が分布を広げて定着するので，歌を含む特殊な形質が定着しやすい状況が生まれます。

　複雑な地形をもち，多くの火山を有する東南アジア一帯は，動物の絶滅や移入，定着が頻繁に起きた場所として知られています。テナガザルの歌が，生息地の分断や近縁他種との接触によって急速に変異し，多様化にいたったことは想像にかたくありません。私たちの調査ははじまったばかりで，わからないことが山のようにあるのですが，地道な調査で多様化のプロセスを解明していきたいと考えています。そのために，テナガザルの生息地が十分に守られ，複雑な種が維持される必要があることはいうまでもありません。しかし実際には，彼らの生息地である熱帯林は急速に減少しています。近縁な2種がとなりあう境界領域は，種分化研究の有効な調査地なのですが，テナガザルの場合，そうした調査地はほとんど残っていません。進化の道筋を知るためのヒントが，

第4章 「会話」をする動物，植物——コミュニケーション

確実に失われつつあるのです。進化の過程を知るその根幹に，彼らの保全という問題があることはいうまでもないでしょう。

香田啓貴 Hiroki Koda

京都大学霊長類研究所行動神経研究部門認知学習分野・助教。岐阜県生まれ。2005年，京都大学理学博士。『霊長類進化の科学』（分担執筆，京都大学学術出版会）などの著書がある。霊長類を対象に，主に音声 - 聴覚系のコミュニケーションの機能や進化について調べている。屋久島のニホンザルやスマトラ島のテナガザルなど野生のサルを相手にしているほか，実験室での行動実験も行っている。

3 やわらかなゲノムを科学する

04 「ゲノム」は，生き物たちがそれぞれの環境に適応する過程でさまざまに変容し，柔軟（やわらか）に進化しています。その「やわらかなゲノム」をDNAやRNAレベルで解き明かすことで，生き物たちが歩んできた進化の道筋を理解し，それぞれの種に分化した過程を理解することで，種の特異性，種の個別性を理解したいと思い日々研究しています。

「まわり」を知る

　生き物たちはみずからもしくは子孫の生存のために，自分の「まわり」の物理的・生物的環境の状況（食物環境や繁殖相手の生理状態など）にすばやく対応し，みずからの行動や生理状態を変化させる必要があります。それら，「まわり」の情報を個体内へ取り込むインターフェースとして機能するのが，視覚，嗅覚，味覚などの感覚センサーと呼ばれる受容体分子です。それら感覚センサーのうち，どのセンサーを発達させるかはそれぞれの生き物たちが適応してきた環境に大きく依存し，また環境からのフィードバックを常に受けることで，柔軟にそのレパートリーを変化させてきたと考えられます。

　ここでは，感覚センサーをつかさどる感覚遺伝子，とくに嗅覚受容体の進化を通して，ヒトやその他の生き物が，いかに自分たちと「まわり」を結びつけ，調和しながら進化してきたかを見ていきたいと思います。

感覚センサー

　「まわり」の情報を受け取る感覚センサーの代表的なものは，

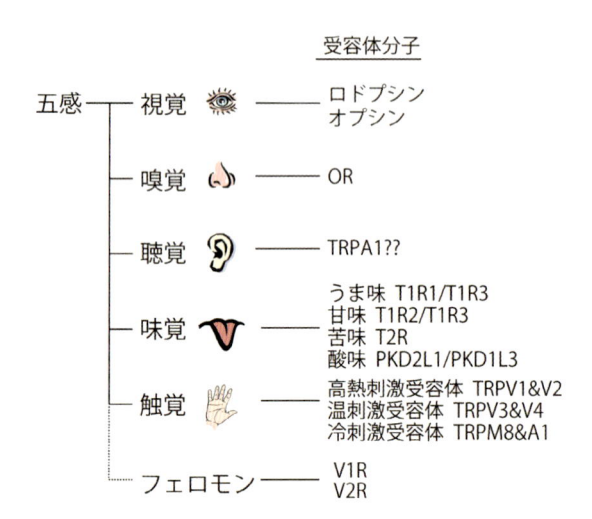

第4章 「会話」をする動物, 植物——コミュニケーション

```
                    受容体分子
五感 ─── 視覚  👁  ─── ロドプシン
                      オプシン

     ─── 嗅覚  👃  ─── OR

     ─── 聴覚  👂  ─── TRPA1??

     ─── 味覚  👅  ─── うま味 T1R1/T1R3
                      甘味  T1R2/T1R3
                      苦味  T2R
                      酸味  PKD2L1/PKD1L3

     ─── 触覚  ✋  ─── 高熱刺激受容体 TRPV1&V2
                      温刺激受容体   TRPV3&V4
                      冷刺激受容体   TRPM8&A1

     ─── フェロモン ─── V1R
                      V2R
```

図1：五感をつかさどる受容体分子
五感受容体分子がつぎつぎとわかってきた。これらは大きく、7回膜貫通型のGタンパク質共役型（視覚、嗅覚、うま味・甘味・苦味の味覚、フェロモン）とイオンチャネル型（聴覚、酸味・塩味の味覚、触覚）に分けられる。

視覚、嗅覚、聴覚、味覚、触覚の五感とよばれる感覚です。これら五感は私たちが意識できる感覚ですが、それ以外にも、血圧や血中の糖濃度、酸素濃度、あるいは体液の浸透圧などの、内臓感覚とよばれる意識できない感覚も存在することが知られています。これら意識できない感覚は、外部の環境情報を感じるというより、体内の環境を整える（ホメオスタシスを保つ）ために重要だと考えられています。

話を五感に戻すと、五感にはそれぞれの情報を受け取るための器官が存在します。視覚、嗅覚、聴覚、味覚、触覚は、それぞれ目、鼻、耳、舌、皮膚がその器官になります。そして、そのそれぞれの器官を作る細胞には、五感を働かせるための感覚センサーが存在しています（図1）。視覚のセンサーには光の強さ（光子）

ほ乳類で五感にはたらく受容体遺伝子の数

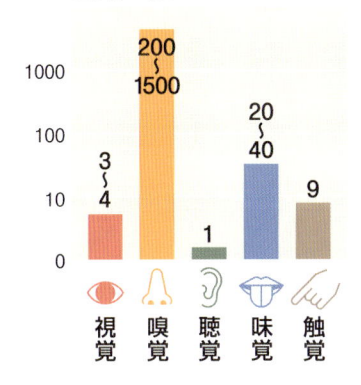

図2：哺乳類の五感で働く受容体遺伝子の数
視覚，聴覚，触覚の遺伝子数が哺乳類や脊椎動物でほとんど変わらないのに対して，嗅覚，味覚の遺伝子数には数倍から数十倍の変動が認められる（JT生命誌研究館『生命誌60「続く」』より引用）。

を感知するロドプシンと，光の色を感知するオプシンが存在します。においのセンサーは，鼻の粘膜の細胞で働いており，化学（におい）物質が結合するセンサーの様々な組み合わせで多種多様なにおいを感知しています。音のセンサーは，内耳の蝸牛にある有毛細胞に存在し，物理的な揺れを電気信号に変換されることにより音を知覚します。味のセンサーは，基本五味といわれる甘味，苦味，うま味，酸味，塩味それぞれを生み出す化学物質を結合するタンパク質です。皮膚において「まわり」の温度を感じるために重要な分子はイオンチャネル型の受容体で，いくつかの種類が存在し，それぞれ得意とする守備範囲（温度範囲）があることがわかってきています。また，五感には分類されないものの，同種の他個体の生理状態などの感知にとても重要なフェロモンの受容

第4章 「会話」をする動物，植物——コミュニケーション

嗅覚受容体遺伝子の数と偽遺伝子の割合

■偽遺伝子　■機能遺伝子

- ヒト：偽遺伝子 415／合計 802／機能遺伝子 387
- チンパンジー：偽遺伝子 414／合計 813／機能遺伝子 399
- アカゲザル：偽遺伝子 280／合計 606／機能遺伝子 326
- マウス：偽遺伝子 328／合計 1391／機能遺伝子 1063
- ラット：偽遺伝子 508／合計 1767／機能遺伝子 1259
- ウシ：偽遺伝子 977／合計 2129／機能遺伝子 1152
- イルカ※：機能遺伝子 約10／合計 約180／偽遺伝子 約170
- イヌ：偽遺伝子 278／合計 1100／機能遺伝子 822
- オポッサム：偽遺伝子 294／合計 1492／機能遺伝子 1198
- カモノハシ：偽遺伝子 370／合計 718／機能遺伝子 348

図3：嗅覚受容体遺伝子の数と偽遺伝子の割合
ゲノム配列がわかっている哺乳類について，嗅覚受容体遺伝子をコンピュータで解析したところ，マウスやラットなどのげっ歯類，イヌ，オポッサムでは遺伝子数が多く，偽遺伝子率は低い傾向があり，霊長類，イルカ類，単孔類（カモノハシ）では遺伝子数が少なく，偽遺伝子率は高い傾向を示した。※イルカについては未発表データ（JT生命誌研究館『生命誌60「続く」』より引用）。

体も，とくにマウスやラットなどにおいてわかっています。

におうことの大切さ

　図2に五感のセンサーを担う受容体遺伝子の数を示します。私たちヒトは視覚がよく発達しているのですが，哺乳類を広く眺めると，視覚に頼るのではなく，嗅覚によって「まわり」の情報を取得している生き物のほうが優勢です。このことは，五感の遺伝子を見るとよりはっきりします。視覚をつかさどる遺伝子はどの哺乳類でもだいたい3〜4種類であるのに対して，味覚の遺伝子は20〜40種類，嗅覚にいたっては1000種類以上もの遺伝子をもつ哺乳類もいます。これはゲノムが抱える全遺伝子の3％にも相当する莫大な数です。ゲノムが遺伝子を適切な時間に適切な

場所できちんと働くように維持するためには、いろいろな仕組みを作り、また維持しなくてはいけないので、たいへんなコストがかかります。そのことを考えると、嗅覚受容体の遺伝子数の多さは、嗅覚がいかに重要な感覚であるかを示しています。では、この莫大な遺伝子をもつ嗅覚受容体遺伝子は、哺乳類においてどのように進化してきたのでしょう？

退化という進化

今度は、ゲノム配列が公開されているさまざまな哺乳類における嗅覚受容体遺伝子の数と、機能遺伝子の残骸と考えられている偽遺伝子の割合を見てみましょう（図3）。この図からわかることは、ヒト、チンパンジー、アカゲザルの霊長類では、遺伝子数は少ないのに、偽遺伝子の割合が他の哺乳類に比べて高いということです。詳細な解析により、哺乳類の祖先段階における嗅覚受容体遺伝子数は、現在の霊長類のそれよりもはるかに多かったと推定されているので、霊長類において嗅覚受容体遺伝子の急速な退化が起きた可能性が高そうです。では、なぜ、霊長類ではこのような退化が起きたのでしょうか？　そのヒントとなるのが、前にも述べた視覚の進化ではないかと考えられています。

視覚をつかさどる遺伝子のうち色覚の認識に重要なオプシン遺伝子は、霊長類の進化の過程で偶然に遺伝子重複し、その後の機能分化を経て、ヒト、類人猿（チンパンジーなど）、旧世界ザル（アカゲザルなど）が三色色覚システムを獲得するにいたりました。夜行性から昼行性に進化していた霊長類にとって、偶然獲得することとなった三色色覚システムは、より効率よく食べ物を見つけたり、より上手に繁殖相手の生理状態のシグナルを検出できるようになることで、とても有利であったことが想像できます。こうして、色情報が付加された視覚というシステムに依存する傾向が

第4章 「会話」をする動物, 植物——コミュニケーション

哺乳類の進化と嗅覚受容体の偽遺伝子の割合

系統		生物	割合
霊長目		ヒト	51.7%
		チンパンジー	50.9%
		アカゲザル	46.2%
真獣類		マウス	23.6%
		ラット	28.7%
		ウシ	45.9%
		イルカ	約90%※
		イヌ	25.3%
有袋類		オポッサム	19.7%
単孔類		カモノハシ	51.5%

（霊長目の分岐点に「嗅覚遺伝子の退化」「視覚遺伝子の重複」の注記あり）

数字は，現存生物が持つ嗅覚受容体遺伝子に含まれる偽遺伝子の割合

220 200 180 160 140 120 100 80 60 40 20 0 （単位：百万年）

※：未発表データ

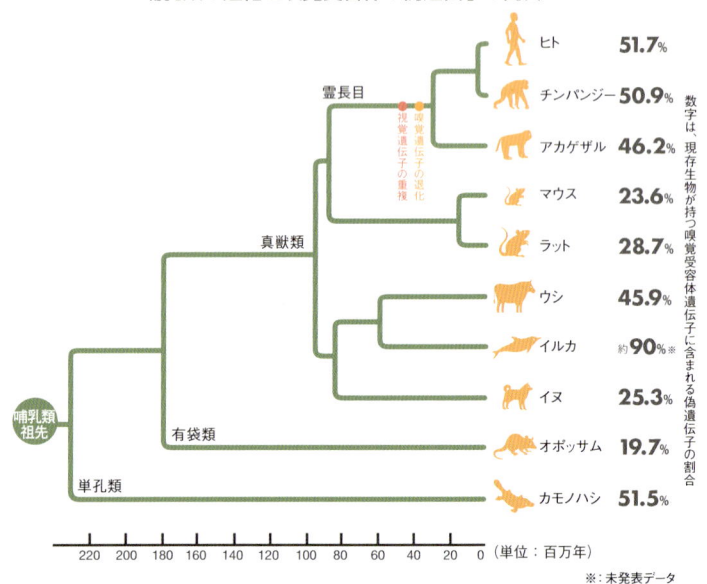

図4：嗅覚受容体遺伝子における偽遺伝子の割合と哺乳類の系統関係

ヒト，チンパンジー，アカゲザルの共通祖先の段階で，視覚遺伝子（オプシン遺伝子）が遺伝子重複して，それらの生き物では三色色覚システムが獲得された。それにともなって，他の哺乳類では主流の嗅覚による情報取得システムが視覚にとってかわられたため，嗅覚受容体遺伝子の急速な退化が起きたのではないかと推測される。また，イルカやカモノハシでも霊長類とは独立に嗅覚受容体遺伝子の退化が起きている（JT生命誌研究館『生命誌60「続く」』より引用）。

強くなると，ゲノムはそれまで重要であった嗅覚をつかさどる遺伝子を多大なコストをかけてまで維持することをやめてしまったのです。生き物もゲノムも「やらなくてもいいこと，誰かが代わってくれることは，やらない！」というのが基本戦略なのです。このような背景があって，三色色覚システムを獲得した霊長類で

は嗅覚受容体遺伝子の急速な退化が起きたのだろうと推測されています。

嗅覚受容体遺伝子の偽遺伝子の割合と哺乳類の系統関係を図4に示しました。この図からも明らかなように、霊長類とは独立に嗅覚受容体遺伝子の偽遺伝子化が起きた種がいることがわかります。一つは哺乳類のなかで最も早く他の哺乳類と分岐した単孔類（カモノハシなど）、もう一つはイルカ類です。私たちの研究によって、カモノハシではヒトと同程度の約50％の嗅覚受容体遺伝子が偽遺伝子化しており、イルカにおいてはじつに90％以上の遺伝子が退化していることがわかってきました。イルカは偽遺伝子化が進んでいるだけでなく、図3からもわかるように、機能遺伝子数がゲノムにたった10個程度しか存在しないことも、私たちは最近明らかにしました。では、霊長類で起きた環境情報取得システムの嗅覚から視覚への移行と同じことが、単孔類やイルカ類でも起きたのでしょうか？　ヒントは、五感の進化が環境と密接にかかわっていることから明らかなように、彼らの生態にあるはずです。

単孔類に分類されるカモノハシは、生活の大半を水中で過ごすようになったため、揮発性物質に頼る嗅覚システムを捨て、その代わり、くちばしに獲物の微弱な生体電流を感じ取るための感覚センサーを新たに獲得したのです。また、水中に完全に適応したイルカ・クジラ類も、嗅覚システムに代わる感覚センサーとしてのエコロケーション（反響定位）を獲得したことが、嗅覚システム（嗅覚受容体遺伝子）の退化という進化を促したのではないかと、現在のところ推測しています（図5）。ちなみに、エコロケーションしないクジラ類（大型のクジラが多くヒゲクジラ類に分類させる）ではエコロケーションするイルカ・クジラ類（小型のイルカ・クジラで歯クジラ類に分類される）よりも退化の程度が

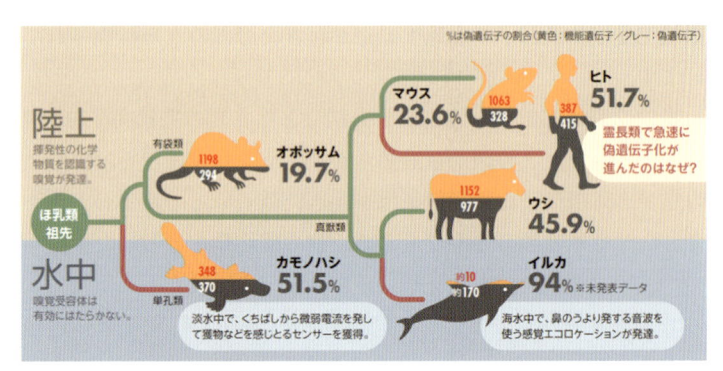

第4章 「会話」をする動物，植物──コミュニケーション

図5：霊長類，単孔類，クジラ類で独立に起きた嗅覚受容体の遺伝子退化

霊長類では視覚の発達と引き換えに，イルカ類ではエコロケーションと引き換えに，カモノハシでは電気感受性センサーの獲得と引き換えに，嗅覚システムが退化したのではないかと考えられる（JT生命誌研究館『生命誌60「続く」』より引用）

穏やかであるという結果を得ていますが，それでも陸上型哺乳類と比べると著しい退化が起こっています。

　イルカ（ハンドウイルカ）のゲノムをさらに調べると，彼らは嗅覚受容体遺伝子だけでなく，苦味，甘味，うま味などの味覚受容体遺伝子もほぼ完全に退化していることなどがわかってきました。彼らはどうやって獲物を味わっているのでしょうね？

僕たちが僕たちであるために

　私は，比較ゲノム学とよばれる手法を通して，ヒトのヒトたる生物学的由縁を探りたいと思っています。そのための比較対象としては，現在生きている生き物で最もヒトに近いチンパンジーが考えられます（ただし，次世代シーケンサーなどの技術革新で絶滅してしまったネアンデルタールなどの化石人類種のゲノム配列も次々と明らかになっています）。そこで，ヒトとチンパンジー

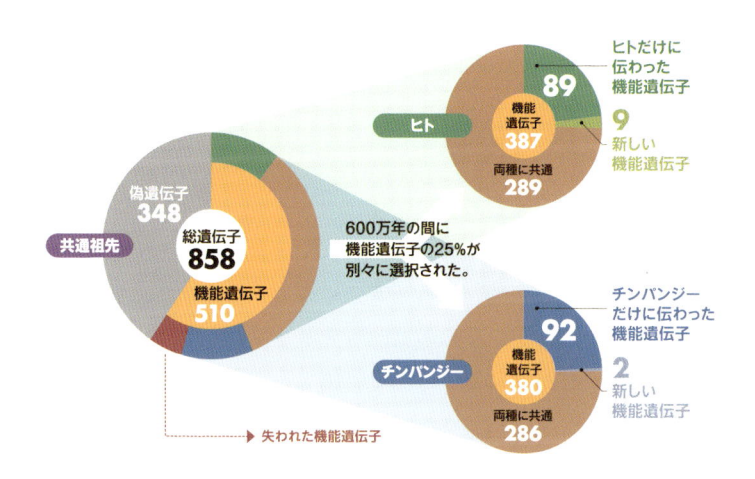

図6：ヒト・チンパンジー・両種の共通祖先における嗅覚受容体遺伝子の構成

ヒトとチンパンジーの共通祖先では，今より約30％多くの機能遺伝子が存在した。600万年の間にそれぞれ独立に嗅覚受容体遺伝子が偽遺伝子化したことで，約90個の機能遺伝子が種特異的な遺伝子になったと推測される（JT生命誌研究館『生命誌60「続く」』より引用）。

の嗅覚受容体遺伝子を詳細に解析してみたところ，600万年前に両種の共通祖先がもっていたと推定される機能遺伝子は現在よりかなり多く（510個），たかだか600万年の間に，およそ25％（ヒト：24.1％＝（510 − 387）／510，チンパンジー：25.5％＝（510 − 380）／510）もの機能遺伝子が失われてしまったことがわかってきました（図6）。また，数だけでなく，失われた遺伝子自体もヒトとチンパンジーではずいぶん違うことがわかりました。ヒトとチンパンジーでは，失われた25％の遺伝子のうち25％がそれぞれ種特異的だったのです（ヒト：25.3％＝（89 + 9）／387，チンパンジー：24.7％＝（92 + 2）／380）。ゲノムの塩基配列レベルでは1.2％しか違いのない両種ですが，嗅覚受容体遺

伝子のレパートリーでは25%もの違いがあったのです！

このように，ヒトとチンパンジーではおよそ90種類もの遺伝子が異なっていることがわかってきました。嗅覚の機能というものが，「まわり」の情報をとらえ，その情報に応じて適切な行動や生理状態にみずからを変化させていくための引き金になるとしたら，そこに，ヒトをヒトらしく，チンパンジーをチンパンジーらしくする特徴の一端があると考えてもよいのではないでしょうか。これらのことを，多くの共同研究者と協力して，分子生物学，電気生理学，行動学などの手法を駆使することで解明しようとしています。

味わう・感じる

五感遺伝子のうち，苦味の認識に重要な味覚受容体遺伝子やフェロモン受容体遺伝子も，生き物によって遺伝子数にかなりの変動があることがわかってきています。苦味受容体遺伝子は，哺乳類では20〜40個程度ですが，ニワトリや魚類では3〜4個と少なく，両生類ではおよそ50個あることがわかっています。哺乳類では嗅覚受容体遺伝子と同様に霊長類で遺伝子数が少ない傾向にあり，とくにヒトにおいてはチンパンジーと種分化したあとに偽遺伝子化の速度が上昇したことを，私たちは明らかにしてきました。

また，一般には五感に属さないと考えられているフェロモン受容も，ヒトやヒトに近縁な霊長類を除く多くの生き物では，「まわり」の情報を得るための重要な感覚システムだと考えられています。多くの哺乳類は，いわゆる「におい」を嗅ぐために重要な主嗅覚系と，フェロモンを介した情報伝達系である副嗅覚系をあわせもっています。フェロモンは，鼻腔内の鋤鼻器［じょびき］という器官にあるフェロモン受容体で感知されます。それをつか

さどるフェロモン受容体遺伝子の遺伝子数を調べてみたところ，マウスとラットではそれぞれ187個，102個の遺伝子がありました。しかし，イヌとウシではそれぞれ8個，32個しか見つからず，ヒトでは4個しか見つかっていません。しかも，遺伝子の発現解析などの結果から，その4個も機能遺伝子としては働いていないのではないかと推測されているので，ヒトにとってフェロモンはもはや「まわり」の情報取得システムとしてはほとんど機能していないと推測されます。

やわらかなゲノム

　本稿では，「まわり」の情報をとらえる感覚センサーの進化，とくに嗅覚受容体とその遺伝子の変遷をたどりながら，哺乳類，とくに霊長類がそれぞれの生態環境に応じてゲノムを柔軟に整理整頓・再編成してきた過程を見てきました。ゲノムや遺伝子というと，ちょっとやそっとでは変わらない存在と思われがちですが（実際に大部分の遺伝子は変化に対して非常に強い頑強性をもちあわせていますが），ここで焦点を当てた感覚遺伝子の進化の様相からは，ゲノムがいとも簡単にみずからを変容させ，環境に適応する様子が見てとれます。

　ゲノムは，進化の時間でとらえると，生態的環境とのかかわりのなかで種や個体を支えるものであり，個体の時間でとらえると，周囲の細胞集団という環境とのかかわりのなかで遺伝子発現を調節して個体や細胞を支えています。環境に適応する過程でみずからを変容し調和していく「やわらかなゲノム」は，生き物にとって「まわり」の環境がいかに大切であるかを，また，生き物が他の生き物たちとのかかわりのなかでしか生きていけない不可逆な存在であるという本質を教えてくれます。

　本稿の大部分は，JT生命誌研究館が発行する季刊『生命誌60「続

第4章 「会話」をする動物,植物——コミュニケーション

く』』に掲載された内容をもとに再執筆したものです。図の転用を快く認めてくださった中村桂子館長,サイエンスコミュニケーション＆プロダクション（SICP）セクターの村田英克さん,今村朋子さんに心より感謝申し上げます。

郷　康広 Yasuhiro Go

京都大学霊長類研究所分子生理研究部門遺伝子情報分野・助教。福岡県生まれ。2003年,京都大学理学博士。著書に『環境を〈感じる〉——生物センサーの進化』（共著,岩波科学ライブラリー）,『五感の遺伝子から見たヒトの進化』（共著,日経サイエンス）など。霊長類を対象とした比較ゲノム,比較トランスクリプトーム研究をおこなっている。ゲノムレベル（DNAレベル）とトランスクリプトームレベル（RNAレベル）で進化・種分化のしくみを解明中。

4 植物たちのコミュニケーション

04 植物の香りが仲介する，植物と昆虫，植物どうしのコミュニケーションの背景には，厳しい自然選択を生き延びた生き物たちの絶妙な知恵があります。そのメカニズムをひもとくには，ゲノムから生態系までの幅広い柔軟な視野が必要です。

植物も「会話」する

「植物の会話」はおとぎ話の世界にしかないのでしょうか？ そもそも会話とは，2人もしくはそれ以上の主体が，主として言語によってコミュニケーションをおこなうことです。当然，植物はことばを発しません。しかし生物学の世界では，音声を媒体としたものに限らず，光やさまざまな物理的・化学的な情報伝達を含めてコミュニケーションと定義するのがよさそうです。そういう意味では，植物も他の生物と相互作用，つまり「会話」をするといっても，あながちまちがいではないでしょう。

それでは，植物は何のために会話するのでしょうか。植物は，自分と個体群の必要に応じて会話の相手を選び，ときには選ばれます。ここでは，自然界において昆虫と植物の間で繰り広げられる相互作用と，その情報伝達物質である「植物の香り」について紹介します。

香りを介した植物と昆虫のコミュニケーション

花をもつ被子植物が裸子植物から分化したのは1億4000万年前（ジュラ紀）のことです。そのときから，多くの被子植物は昆虫や鳥などの動物に花粉媒介や種子散布を頼るようになりました。

第4章 「会話」をする動物，植物——コミュニケーション

昆虫に訪問してもらうために，植物は花の色や形を変え，また，遠くにいる昆虫を効率的に誘引するために香りを用いるようになったのです。裸子植物なども香りをもっているので，植物が香りを作るようになった本質的な理由が動物との相互作用にあるのかどうかはわかりませんが，少なくとも被子植物は太古の昔から香りを情報化学物質として利用する術を得ていたと推測されます。

現在の生態系における植物と昆虫の相互作用は，植物の香りを介した送粉，産卵，捕食と被食などによる共生・寄生関係に見出すことができます。これらは長い進化の過程で植物と昆虫が競争的に築いたもので，得られる利益と支払うコストのバランスが相互作用成立の鍵です。

いかにして最小のコストで最大の利益を得るか？ そのようなエコ活動の一つに，害虫に加害された植物が香り成分を放出し，害虫を攻撃する天敵生物（寄生バチ，捕食性昆虫など）を呼び寄せて害虫を退治するというしくみがあります（図1）。このしくみの最大の利点は，植物は必要なときだけ香りを放出すればよく，天敵生物もそれに応じて植物を訪問すればいいことです。天敵生物は，植物から放出される特異的な香りを先天的・経験的に嗅ぎ分けることにより，捕食・寄生する対象をピンポイントで見つけることができます。しかし，多くの相互作用の場合は植物のどの香りが誘引の鍵となっているかは明らかになっていません。最も研究が進んでいる捕食性ダニ（害虫であるハダニの捕食者）の場合，単成分の香りと，複数の香りのブレンドの両方が重要なようですが，捕食性ダニが培った経験的要素も重要であると思われます。

植物どうしの会話

あまり知られていませんが，香りは植物どうしのコミュニケー

4 植物たちのコミュニケーション

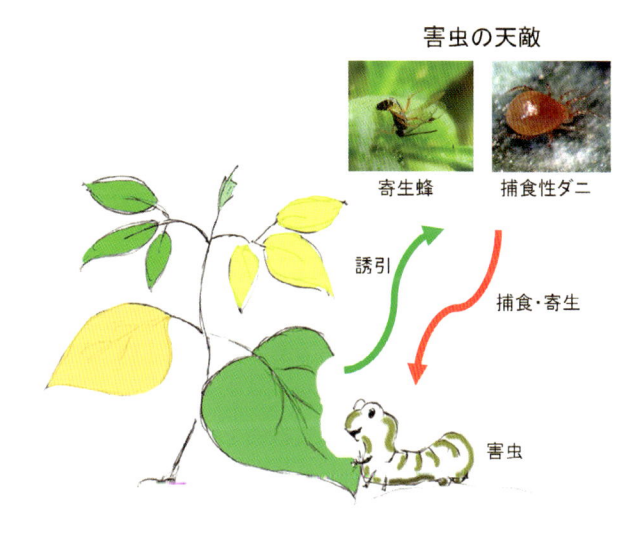

図1：害虫の食害で誘導される植物の香りを介した，植物，害虫，害虫の天敵（寄生バチと捕食性ダニ）の相互作用

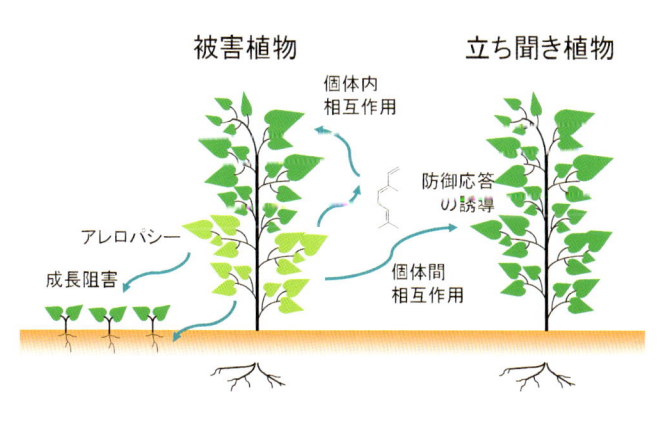

図2：香りを介した植物間のコミュニケーション

ション言語でもあります(図2)。それは古くから，ある植物から放出された揮発性成分が他の植物の成長を抑える物質(アレロケミカル)として機能する現象(アレロパシー効果)として認識されていました。近年，このアレロパシー効果に加えて，食害を受けた植物から放出される香りが周辺の未被害植物や同一個体の未被害部分の防衛応答を誘導する現象が実証され，その現象の本質的な役割や香りの受容に関するメカニズムを解明する研究が活発におこなわれるようになりました。しかし，植物は動物とは異なり，香りの受容に特化した器官をもっているわけではなく，細胞レベルで香りのような揮発性物質を受容する機構も明らかにされていません。今後は，香りの受容機構を解明するとともに，植物どうしが会話をする(あるいはするにいたった)理由を検討していきたいと思っています。

香りの生合成経路

　植物の香りがどういう経緯で作られるようになったか，その議論はなかなか終わりそうにありません。理由の一つは，香りの生合成経路が必須ホルモンの生合成経路と重複していることです。食害によって誘導的に生産される香り成分に「みどりの香り」といわれる揮発性のオキシリピン類がありますが，この生合成経路はリノール酸，リノレン酸(膜由来の脂肪酸)を原料とし，植物ホルモンであるジャスモン酸の生合成経路と枝分かれしています(図3)。また，食害で誘導される揮発性テルペンの生合成経路(MEP経路とメバロン酸経路)は，植物ホルモンであるジベレリン，ブラシノステロイド，アブシジン酸，ストリゴラクトンのそれと重複しています。香りの生合成経路は，植物の成長や発達に欠かせない植物ホルモンの生合成経路から，酵素遺伝子の変異等によって偶然生じたのかもしれません。

4 植物たちのコミュニケーション

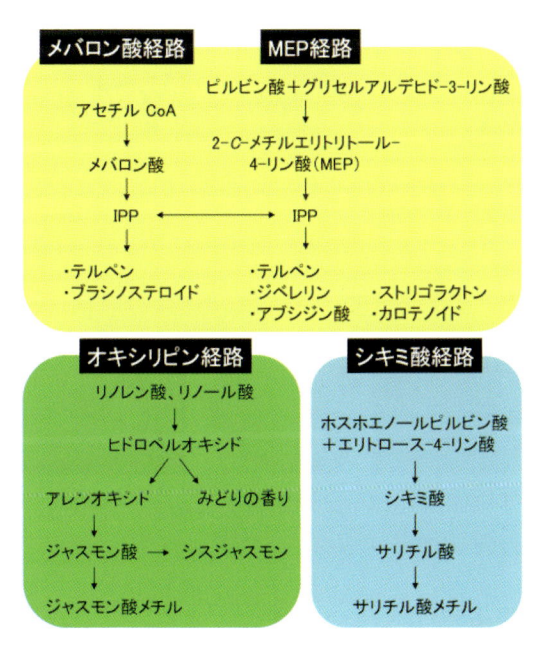

```
┌─────────────────────────────────────────────────────┐
│ メバロン酸経路      MEP経路                          │
│                                                     │
│                  ピルビン酸＋グリセルアルデヒド-3-リン酸  │
│    アセチルCoA           ↓                           │
│       ↓          2-C-メチルエリトリトール-              │
│    メバロン酸         4-リン酸（MEP）                  │
│       ↓                  ↓                          │
│      IPP  ←──────→     IPP                         │
│       ↓                  ↓                          │
│    ・テルペン          ・テルペン                      │
│    ・ブラシノステロイド  ・ジベレリン    ・ストリゴラクトン │
│                       ・アブシジン酸  ・カロテノイド   │
└─────────────────────────────────────────────────────┘

┌─────────────────────────┐ ┌─────────────────────────┐
│ オキシリピン経路          │ │ シキミ酸経路              │
│                         │ │                         │
│ リノレン酸、リノール酸      │ │ ホスホエノールピルビン酸    │
│       ↓                 │ │ ＋エリトロース-4-リン酸     │
│ ヒドロペルオキシド         │ │       ↓                 │
│     ↙   ↘              │ │   シキミ酸               │
│ アレンオキシド みどりの香り │ │       ↓                 │
│     ↓                   │ │   サリチル酸             │
│ ジャスモン酸 → シスジャスモン│ │       ↓                 │
│     ↓                   │ │   サリチル酸メチル         │
│ ジャスモン酸メチル         │ │                         │
└─────────────────────────┘ └─────────────────────────┘
```

図3：食害で誘導される香りと植物ホルモンの生合成経路

香りの制御

　害虫の食害が誘導する香りの生合成は，①食われる，②植物が認識し，細胞内のシグナル伝達系を活性化，③生合成遺伝子の発現を誘導，という段階で制御され，各段階のインパクト，強弱，タイムスケール，相互作用などにより成分比が異なってきます。つまり，①と②（つまり，植物と害虫の種類）の組み合わせと食害パターンならびに，③の植物自身がどの香り成分を生産する遺伝子，シグナル伝達系を潜在的にもつかが，香り成分のブレンド比を決定する重要な鍵となります。

　具体的には，害虫の食害様式が咀嚼性（ガ，チョウの幼虫）か吸汁性（ダニ，アブラムシ）かによって，香りを誘導する細胞内

第4章 「会話」をする動物,植物——コミュニケーション

図4：シロイチモジヨトウ幼虫の吐き戻し液に含まれるボリシチン

ボリシチンとその類縁体は,他のガやチョウなどからも発見されています。

ヨトウガ幼虫　　機械傷　　MecWorm

みどりの香り　　テルペン類

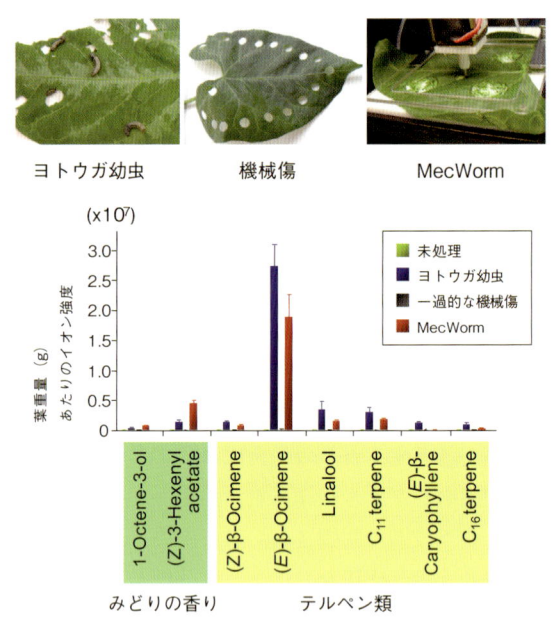

図5：様々な障害様式によって誘導される植物の香り

リママメの葉における,害虫(ヨトウガ幼虫)食害,断続的な機械傷,ロボット(MecWorm)を使った連続的な機械傷と,それらによって誘導される香り成分(Arimura et al. Plant Physiol. 146, 965-973, 2008 を一部改変)。大変興味深い事実は,植物の一過性な機械傷では香りを誘導することはないが,連続的な機械傷を与えることでヨトウガ幼虫に加害された場合と同じ成分,量の香りが誘導されることです。

シグナル伝達系が異なります。また、昆虫の種類によって唾液に含まれる分子（エリシター）が異なるため、植物側の防御応答に変化を生じることがあります。植物の香りを誘導する昆虫のエリシターとしては、脂肪酸－アミノ酸複合体であるボリシチン（図4）、ペプチド、酵素などが同定されています。また、最近の筆者らの研究により、エリシターだけでなく食害による連続的な傷が、香りを誘導する重要な要因であることが発見されました（図5）。このことは、空間・時間的な要素（たとえば、昼と夜での摂食パターンの違い）がブレンド比の決定に影響することを示唆しています。

おわりに

筆者が目指しているのは、生物間相互作用における香りの分子機能を明らかにすることです。そのためには、昆虫の行動を観察しつつ、タンパク質やDNAの分子間相互作用に関する実験もバランスよくおこなわなければなりません。このような統合生物学に挑戦できることは研究者冥利につきます。

有村源一郎 Gen-ichiro Arimura

京都大学生態学研究センター陸域生物相互作用分野・准教授。鹿児島県生まれ。1998年、広島大学理学博士。専門は植物の生理学、分子生態学。植物の香りを介した生物の相互作用メカニズムの解明と、植物の害虫防御メカニズムの解明に努めている。

5 葉っぱの香りの生態学

04 葉っぱの香り情報に関するよくある疑問点——天敵と植物との香りを介した相互作用の話をすると，よく尋ねられる質問がいくつかあります。その中でも，「目に見えない情報としての香りはどのように広がるのでしょうか？」とか，「どのくらい遠くまで有効なのでしょうか」とかは，とても難しい質問です。しかし，香りの生態学を語るには避けて通れないところでもあります。ここではこれらについてすこし考えてみたいと思います。その際のキーワードは「香りの構造性」と「スーパーセンス」です。

　「ああオニユリさん」とアリスは，優雅に風にそよいでいるオニユリに話しかけました。「あなたが話せたらどんなにいいでしょう！」
　するとオニユリがいいました。「話せるわよ，まわりに話す値打ちのある人がいればね」
　アリスは驚きすぎて，しばらく口がきけませんでした。まったく意外で，息をのむしかなかったのです。ずいぶんたって，オニユリがそよいでいるだけだったので，アリスはまた口を開きました——おずおずと，ほとんどささやくように。「じゃあ，花はみんなしゃべれるの？」

ルイス・キャロル『鏡の国のアリス』
（山形浩生訳，http://www.genpaku.org/alice02/alice02j.html）

　『鏡の国のアリス』第2章「生きた花のお庭」の冒頭部分です。これを読んだ人にとっては「鏡の国のお話だからね（しゃべってもおかしくない）」と考えるのではないでしょうか。でも，こういうことは，少し見方を変えると実際にあるのです。そして私た

ちが研究しているテーマは、まさに「植物は他の生物とコミュニケーションしている」ということなのです。コミュニケーションといっても、鏡の国のユリのように音声で、というわけにはいきません。これまでの研究から、植物の葉の「香り」は植物と他の生き物との重要なコミュニケーションツールの一つである、ということがわかってきました。「香り」をたくみに使って、植物はしゃべるのです。

寄生蜂と植物

植物-食植者-捕食者の三者による食う食われる関係は、生態系における基本ユニットです。このユニットを「三者系」とよぶことにしましょう。この三者系の中で、節足動物（いわゆる昆虫）と植物の三者系についてお話します。

食植性の節足動物（食植性昆虫や食植性ダニ：以下わかりやすいように害虫と呼びます）の食害を受けた植物が、それらの特異的な捕食性天敵を呼び寄せる機能のある「香り」を放出するという現象は、1983年ごろから明らかになってきました。植物と天敵との「香りを介したコミュニケーション」といえます。天敵を呼び寄せることで被害を防げるならば、天敵は植物のボディーガードと言うことができます。

捕食性天敵と書きましたが、ピンとこないかもしれません。それをまず説明しましょう。この章で出てくる天敵は寄生蜂と呼ばれるハチの仲間で、害虫を襲います。ハチといえば、ミツバチなど、社会性を持った仲間をすぐに連想するかもしれませんが、寄生蜂の成虫は単独で暮らしており、幼虫が寄生者です。メス成虫は、自分の子供が寄生できる害虫（寄主）を見つけると、その中に卵を産み付けます。ハチの卵はやがて害虫の中で孵化し、害虫を生かしながら、栄養を横取りして育ちます（寄生）。幼虫期を

第4章 「会話」をする動物，植物——コミュニケーション

図1：モンシロチョウ幼虫に産卵するアオムシコマユバチ
アオムシコマユバチは，モンシロチョウの幼虫に寄生する体長3mmほどの寄生蜂である．雌成虫はモンシロチョウ幼虫に産卵し，寄生蜂の幼虫は孵化後，寄主であるモンシロチョウ幼虫の体内で生長し，寄生蜂が蛹になる直前に幼虫の体から脱出する．この時点で寄主は死亡する．

害虫の体内で暮らした後，蛹になり，成虫になるわけですが，害虫の体内では蛹になれません。蛹になる直前に体内から皮膚を破って出てきます。ここで寄主を殺します。この瞬間は，いつ見てもあまり気持ちの良いものではありません。やがて蛹から成虫となり，再び子供の寄主を探します。図1はアオムシサムライコマユバチが寄生する瞬間です。昔，エイリアンというスペースホラーがありました。そこに出てくる怪物（エイリアン）の生態とほぼ同じと言えるでしょう。ただ，どのような生命体にでも寄生できるエイリアンと異なり，寄生蜂は寄主範囲がある程度決まっています。ここで登場する幼虫に寄生する寄生蜂の場合，例えば，コナガサムライコマユバチはコナガ幼虫に，アオムシサムライコマユバチは，アオムシ（モンシロチョウ幼虫）に，カリヤサムラ

5 葉っぱの香りの生態学

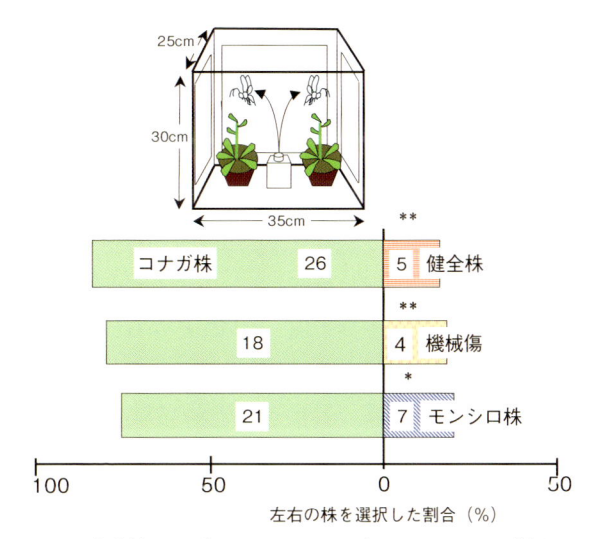

図2：寄生蜂コナガサムライコマユバチのキャベツに対する匂い応答

約30センチメートル四方の箱に，異なる処理を行った小さなキャベツ株を2株設置し，その中に寄生蜂を放す。最初に着地した方の株を選択したと判定する。コナガ株：コナガ幼虫食害株，モンシロ株；モンシロチョウ幼虫食害株，機械傷；ハサミで傷をつけた株。すべての組み合わせで，コナガ株からの香りを好んでいることがわかる。

イコマユバチはアワヨトウ幼虫にもっぱら寄生します。ほとんどの害虫には，それに寄生する寄生蜂がいると言われています。植物は「香り」を使って，寄生蜂をボディーガードとして雇っている場合があるわけです。

調香師と植物

さて，植物と天敵とのコミュニケーションですごいと思うのは，植物が害を受けた時に出す「香り」の特異性です。図2を見てください。コナガ幼虫の食害を受けたキャベツ株と健全なキャベツ

株をコナガ幼虫に寄生するコナガコマユバチに提示してみます。多くのハチは，香りを頼りにコナガ食害株の方を選びます。さらに興味深いことに，機械傷（コナガ食害傷を真似てみた）株とコナガ株の比較提示や，アオムシ（コナガコマユバチの寄主にならない幼虫）食害株とコナガ株を比較提示してみても，やはりコナガコマユバチはコナガ株を選びます。コナガ幼虫が食べたときにでる香りにだけ，このハチは反応していることがわかります。コナガ幼虫食害株，アオムシ食害株，機械傷株から放出される香り成分の化学分析をしてみると，同じような成分が記録されますが，その比率が異なっています。ブレンドの違いが上記の特性を生み出していると考えられます。まるで調香師が香水をブレンドして，さまざまな香りを作り出すかのようで実に興味深いと思います。これは一例ですが，害虫食害特異的に植物が出す香りに天敵が誘引されるという報告は他にもあります。もちろん，香りに対する特異性が高くない（つまり，機械傷株にも反応する）天敵もいます。

ほんまかいな

この現象について，1990年ごろまでは「植物が香りを使ってボディーガードを雇ったりするわけない」と，多くの生態学者が批判的でした。また，「葉を食べていた害虫が，通常の方法（細い筆や水で目に見えるものを取り除く）では残る何らかの揮発性物質を葉の表面に残していて，それが天敵を誘引するのだろう」という代替仮説があり，これを否定するのは容易ではありませんでした。「お化けはいるかいないか」というのと似ていて，「目に見えない何かがあるのではないか」といわれても，それを否定するのは難しいわけです。

その後，このような三者系における植物と天敵とのコミュニケ

ーションの研究が徐々に進み，

① 植食者自身およびその生産物（糞，脱皮殻，糸等）は被害葉の誘引物質の発生源から除外できる，
② 誘引成分の化学構造が明らかになり，また植物はそれらの化合物を生産できる，
③ 植食者ならびにその生産物由来の揮発性物質分析で誘引物質が検出されない，
④ 誘引成分の生合成経路が植物に存在し，その経路は食害によって誘導される，
⑤ 誘引物質が被害葉だけでなく未被害部分からも放出される，
⑥ 誘引物質が傷害関連の植物ホルモン（ジャスモン酸）によって誘導される，またジャスモン酸感受性に関するミュータント植物を用いた実験で，誘引物質生産がジャスモン酸シグナル伝達系の関与を受けている，
⑦ 食害によって誘導される遺伝子群とジャスモン酸で誘導される遺伝子群が類似している，
⑧ 植食者の唾液中に，植物に誘引物質生産を引き起こさせる物質（エリシター）が存在する，
⑨ 広い空間スケールや野外で実際に天敵を誘引できる，

など，生態学的・化学的・分子生物学的な研究成果が得られ，植物が食害に応答して天敵を呼び寄せる揮発性物質を誘導的に生産する，という現象が実証されてきました。

飲み屋横町にて

話を少し変えましょう。われわれは匂いに対してどれだけ敏感なのでしょう。私の知りあいのカナダ西オンタリオ大学のマクニール教授は，「後ろを通った学生の名前を振り返らずに匂いで言

い当てられる」といいます。酒くさいのは酒好きのA君，ニンニクのにおいならB君だろう，唐辛子の香りを振りまくのは……というような認識だそうで，なかなかのものです。彼はワインに造詣が深く，それに比べればたいしたことない，と言います。しかし人間の普通の嗅覚では，そんなわけにもいかないかもしれません。私の場合，ウナギ屋の匂いを遠くからほのかに感じるとか，そういった程度です。

　さて，駅裏に小さな飲み屋が軒を連ねる，いわゆる「飲み屋横町」は私の最も好きな所の一つです。入ってみましょう。狭い路地に赤提灯，焼き鳥屋，おでん屋などが軒を連ねています。そこの匂いはというと，やっぱり，焼き鳥屋の近くでは焼き鳥の，おでん屋の近くではおでんの出し汁の香りがします。「当たり前ではないか」という声が聞こえてきそうですが，これは重要な点です。

　それぞれの香りは空間中に一定の構造を作っていて，それらは容易に混ざらないと考えると，上記のことは説明可能です。香りが目に見えたらもっとピンと来るのでしょうが，残念ながらそれは無理な相談です。ある店（たとえばうなぎ屋）の周辺には，とくに高濃度にその店の匂いが構造として存在します。さらに，少し遠くからでも，うなぎの蒲焼きの香りをふと感じることがあります。それは，「断片化」された蒲焼きの香りに出会ったからだと考えられます。つまり，香りは匂い源からある構造をもって拡散し，断片化していくのです。いったんその源（焼き鳥でも蒲焼きでも）から出た香りは，だんだん断片化しながらも，そのブレンドをある程度保ったまま（つまり，うなぎのかば焼きの香りのまま）漂って，お客を誘引するのでしょう。

香りにも重い軽いはあるのだが……

　香りについて，勘違いしやすいことがあります。植物の香りに限らず，香りは分子量の（つまり重さの）異なるいくつかの揮発性化合物のブレンドです。そこで，「分子量の小さい（軽い）成分は遠くまで飛び，分子量の大きい（重い）成分はそう遠くまで飛ばない。だから，匂い源から遠ざかれば遠ざかるほどブレンドのなかの軽い成分だけが選択的に漂うだろう」と考えてしまいます。ここまで読んできて，このロジックに違和感を感じる人は少ないのでは？

　ところが，専門家にうかがうと「違う」とおっしゃる。香りブレンド内の分子量の差程度で，空気中を漂うだけで香り成分が分離することはないのだそうです。こんな会話をしました。

　「香りを分析するとき，分析装置（キャピラリーガスクロマトグラフ）のなかにある直径 0.2mm，長さ 30m ぐらいの細いガラス管に香りをぎゅうぎゅう詰めにして，高圧をかけて流して，やっと香り成分が分離するでしょ」

　「ハイ」

　「空気中を漂うだけで，同じことが起きると思いますか」

　「うーむ，そりゃないでしょうね」

　ただ，最近，揮発性分子の大気中の安定性について色々と話をうかがうと，化学構造によって違いますが，わりと早く分解してしまうそうです。つまり，上の例でいえば，ウナギのかば焼きの香りは，未来永劫その香りを保持しながら断片化するわけではなく，大気中で分解されていくというわけです。

タバコの煙

　もう一つ，よく勘違いする点を指摘しておきます。香りはあたかも「焼鳥屋の煙のごとく」，あるいは「タバコの煙のごとく」，

いったん空気中に流れると、あっというまに空高く飛んでいってしまうと思っていないでしょうか？　私もそのようなイメージを抱いていました。しかし、香りの拡散をスパコンでシミュレーションしてもらうと、そのイメージとはずいぶん違いました。

　植物の香り成分の分子量は、小さいものでも100程度はあり、分子量32の酸素や44の二酸化炭素、28の窒素よりはるかに重いのです。なので、一定の横風が吹いていたとしても、香りは下へ下へと沈み込み、地面のでこぼこに沿って広がっていきます。つまり、実際の香りはわれわれが考えるよりはるかに粘っこいものなのです。積極的に飛ばそうとしない限り、下へ下へとたまっていく。もちろん地熱とかの対流があるので、複雑な乱流構造をとるかもしれませんが、少なくともタバコの煙のように、空のかなたに散らばっていくわけではないことがわかりました。ドライアイスの冷たく白い煙のように、下へ下へと沈んで拡散、断片化する構造と考えたほうがよさそうです。プロパンガスの漏れが危ないのは、空気よりわずかに重いので下にたまる傾向があり、気づきにくいせいだといいます（なので警報機も下につけます）。漏れに気づいたときは、窓を開けて換気しても不十分で、扉を開けてほうきで外に掃き出すようにしないといけないそうです。これも傍証になりますね。

シックスセンス

　せっかく香りの「容易に混ざらない構造」があったとしても、虫たちがそれを知覚できなくては意味がないわけです。ところがわれわれは、つい自分の共感できる次元で物事を考えてしまいます。たとえばコナガという害虫は、アブラナ科植物に特有のカラシ油（ダイコンおろしの辛み）や、その他いくつかの香りに魅せられてキャベツに卵を産むのだ、という有名な研究があります。

しかし，キャベツ畑に虫取りに行っても，カラシ油の匂いなどちっともしませんよね。「ぜんぜん辛い匂いがしない。あの研究はどこかおかしいのでは？」と思ってしまうかもしれません。はたしてそうなのでしょうか？

犬と人で，ちょっと乱暴な計算をしてみましょう。警察犬や麻薬探知犬を例に出すまでもなく，犬は香りに敏感です。ある本によると，犬の嗅覚は最大で人間の約1000万倍（！）もあるといいます。昆虫はというと，残念ながらよくはわからないのですが，カイコのメスが出す性フェロモン（ボンビコール）に対するオスの感度は，犬と同じくらいだろうといわれています。なので，どう考えても虫たちは人間より敏感なようです。そうだとすれば，われわれにはわからないカラシ油の匂いを，キャベツ畑でちゃんと感じているのかもしれません。われわれにとって認識できない香りの構造でも，昆虫にとっては当たり前の感覚だった，ということがあるのでしょう。

水割りをください

認識できないシックスセンスの話だけに，なんだか机上の空論的になってきました。もう少し実感できる例をあげてみましょう。匂いではなく，われわれの得意な味覚の話です。これならある程度の共感が（少なくとも酒好きの方には）得られるのではないかと思います。

焼酎を飲む際に，九州の人は前日から水で割っておくのだとテレビでやっていました。その理由がおもしろい。前の日から割っておくと，水と焼酎がほどよく混ざって味がまろやかになるのだそうです。おいしく飲もうという九州の人たちの知恵でしょうか。興味深いことに，ウイスキーでは逆であるとバーテンダーに習いました。ウイスキーの水割りはあまり混ぜてはいけない，ウイス

第4章 「会話」をする動物，植物——コミュニケーション

キーと水が塊状に混ざりあっている変化を楽しむので，徹底的に混ぜてしまうと，かえって味気ないといいます。ジェームズ・ボンド氏は，バーテンダーに「マティーニを。ステアでなくシェイクで」というのがカッコいいのですが，マティーニはもともとステア（軽くかき混ぜる）で作るのが正統。そこをあえてシェイク（よく振る）というところから，ボンドは味音痴だという説があります。で，シェイクとステア，やっぱり違いがわかるのでしょうか。わかるのだとすると，水とスピリッツの微妙な混ざり具合を舌で瞬時に判定しているわけですから，ある意味で人間のスーパーセンスといえます。虫たちが匂いに対して，似たようなことをやっていてもおかしくないはず，と考えてみてはどうでしょう。

　これらの予測や体験談やイメージから想像するに，飲み屋街だけでなく，森林でも公園でもどこでも同じで，匂い源（樹木とか）からの匂いは他の匂いと混ざることなく，また分離することもなく，拡散と断片化と分解を繰り返しながら，地上を漂ってある構造を作っているのでしょう。そういう構造が入れ子状になったものが，ある場所での香り生態構造ということになります。

　図3を見てください。匂いに色をつけて，円形状の構造として示してあります（実際の構造はもっと複雑なはずですが）。それぞれの匂い構造に対して，天敵は誘引され，同種植食者は忌避し，他種植食者は誘引されるなど，さまざまな相互作用が成り立ちます。結果的に，それぞれの生物に対して目には見えないけれども間仕切られた利用可能空間が形成されるのでしょう。そのような間仕切られた空間構造のなかに生物が棲み込んでいく……おもしろい見方だと思いませんか。

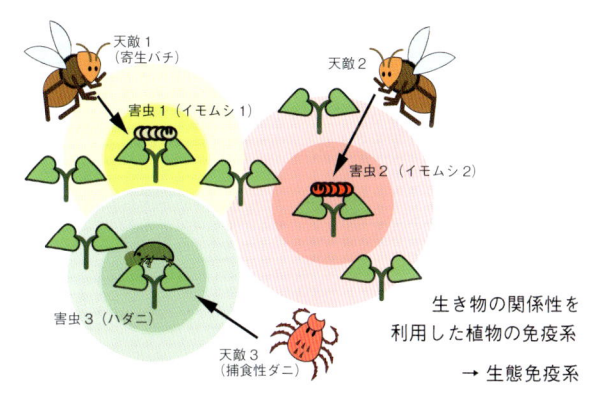

図3：香りを考慮に入れた生態系の構造
異なる色は異なる香りブレンドを意味する。それぞれの香りは，その生産を誘導した害虫の天敵を特異的に呼び寄せている。便宜上，香りの広がりを円形で示しているが，実際は複雑な断片化した構造を示すと思われる。

おわりに
——荒唐無稽にできている？

「どうしてみなさん，そんなにすてきにしゃべれるの？」アリスはお世辞を言って，なんとかオニユリのご機嫌をとろうとしました。「これまでいろいろお庭には行ったけど，でもしゃべる花なんて 一つもなかったわ」

「手をおろして，地面をさわってごらん。そうすればわかるわよ」とオニユリ。

アリスは言われたとおりにしました。「すごくかたいけど。でもなんの関係があるんだか，ぜんぜんわかんないけど」

オニユリが答えます。「ほかのお庭だとふつうはね，花壇をやわらかくしすぎるのよ——だから花がいつも眠っちゃってるわけ」

これはとてもよい理由に思えたので，アリスはそれがわかってとてもうれしく思いました。「まあ，そんなこと，これまで考えたこともなかった！」

第4章 「会話」をする動物，植物——コミュニケーション

> ルイス・キャロル『鏡の国のアリス』
> （山形浩生訳）

　最後にもう一度，『鏡の国のアリス』第2章から。アリスが「考えたこともなかった」こと，つまり地上部の植物と他の生物とのコミュニケーションは地上部のみを見ていてもダメで，地下部とリンクしなければ，という考え方は，最近の生態学で一つの流れになっています。言われてみればなるほど，植物のコミュニケーションが地下部（土壌）の環境から影響を受けることは容易に想像できます。生態学における「赤の女王仮説」は，このあとアリスが出会う赤の女王に由来しています（詳しくは原作と生態学の教科書を）。最近私たちは，アムステルダム大学と共同で「オオカミ少年」（イソップ寓話）の振る舞いをする植物を報告しました。また，ジェームズ・キャメロンの映画『アバター』には植物間のコミュニケーションが出てきますが，私たちやその他研究機関の成果で，植物と植物が香りで交信していることがわかってきています。荒唐無稽に思える童話やSFのなかに，現実の生態系をあたらしいたたずまいで描き出すメタファーが潜んでいることがあるのです。現実の生き物のつながり，つづれ織りは，私たちの想像を超えたワンダーランドなのでしょう。まだまだわくわくする発見が私たちを待っています。興味のある方は，私たちのラボに遊びに来てください。

5 葉っぱの香りの生態学

高林純示 Junji Takabayashi

京都大学生態学研究センター陸域生物相互作用分野・教授。兵庫県生まれ。1986年，京都大学農学博士。著書に『寄生バチをめぐる「三角関係」』（共著，講談社），『共進化の謎に迫る』（共著，平凡社），『虫と草木のネットワーク』（東方出版）など。昆虫－植物間，植物－植物間の情報を介した相互作用・情報伝達に注目し，研究している。

Column
コラム ④

オニオオハシの秘密

　みなさんはオニオオハシという鳥をご存じでしょうか？　名前を聞いてわからなくても，嘴が体に比べてアンバランスに大きい独特の体型をみれば，思い出す人も多いことでしょう（図1）。

　キツツキ目オオハシ科に属するオニオオハシ（*Ramphastos toco*）は，過去にオオハシの仲間で最も体が大きいことから，「オオオオハシ（大大嘴）」という冗談のような名前でよばれていましたが，さすがに発音しづらいと感じた人がいたのか，オニオオハシという名前に落ち着きました。オオハシ類は中南米の熱帯雨林などに生息していますが，私が獣医師として勤務している神戸花鳥園でも15羽のオニオオハシを飼育展示しています。今回はこのオオハシの，興味深い体の構造や行動についてご紹介します。

　「オオハシの嘴はなぜ大きいのですか？」とよく質問されます。あのように大きく目立つ嘴をしていては，捕食者に居場所を知らせているようなものです。また，果物などを食べるとき，嘴の先でくわえた果物をわざわざ空中に放り上げるようにして食べることがあり，どう考えてもあの嘴では食べにくそうです。最近になって，カナダ・ブラジルの研究グループが，あの大きな嘴は体温調節の役割を担っているという説を発表しました（Science, 325：468-470）。彼らはサーモグラフィーでオニオオハシの嘴を撮影し，内部を走行する血管が周囲の気温に応じて，車のラジ

図1：オニオオハシ（*Ramphastos toco*）
嘴を含めた全長は最大で80cmに達し，体重は700g前後の個体が多い。雌雄同色で区別がつきにくいが，嘴と体格はオスのほうが若干大きい。

エーターのように熱を放散していることを示しました。伸びすぎたオニオオハシの嘴先端を切断したことが何度かあるのですが，保定の際に嘴をもつとほんのりと温かく，切断時にはおびただしい量の出血があって，止血にとても苦労しました。おそらく保定されたことで興奮し，血流がさかんになっていたのでしょう。オオハシの嘴は大きいだけの無用の長物だと思っていましたが，この研究を知って以降は少し申し訳なく感じています。

　私がオオハシに関して驚いたことの一つに，鼻孔（鼻の穴）の位置があります。彼らの鼻孔は，嘴の根元に，完全に上を向いて

図2：オニオオハシの嘴基部を上から見たところ
印の先端に鼻孔がある。

ついているのです（図2）。当然，食べかすやゴミが詰まることとなり，私のところにやってきます。吸気のたびに「ピー，ピー」と笛のような音をたてる姿はかなり滑稽ですが，オオハシは呼吸が苦しくて嘴をあけて息をしています。極細の綿棒で丹念に鼻孔を掃除をしてやると，驚くほど大量の鼻糞がとれることがあります。飼育下では獣医が鼻の掃除をすればいいのですが，野生の状態ではどうやってこの難問に対処しているのでしょう？

このように，見た目だけでなく機能的にもユニークな特徴をもつオオハシですが，意外に神経質で，頭のよいところもあります。

Column

　以前，DNAを抽出して性別を判定するために採血をしたのですが，よほど嫌な体験だったのか何年たっても覚えており，私がオオハシ飼育場に入ろうものなら皆一斉に警戒音を出し樹上で身構えます。現場のスタッフから，「先生がいると鳥が降りてこないんです。どこかへ行ってください」という「暖かい」ことばをかけられる始末です。前述の鼻掃除を何度かおこなったシロムネオオハシの「ジン」にいたっては，私を見つけると真っ先に攻撃をしかけ，あのときの恨みとばかりに靴先や腕を噛みはじめます。もういいかげん忘れてくれよと思いつつ，これも彼なりの愛情表現だと思うことにしています。

　オオハシの神経質な性格は，繁殖期に顕著になります。数年前からオニオオハシの人工繁殖に挑戦しているのですが，彼らはどういうわけか，不安を感じると抱卵中の卵を食べてしまうのです。繁殖場にはなるべく近づかないようにして，巣箱の内部は小型カメラで観察しているのですが，それでもある日突然，卵がなくなっています。あと数日で孵化するという段階で卵を食べられると，ショックというより空しさが込み上げてきますが，これもオニオオハシの意外な一面です。

　現在，私は「鳥類の神経伝達関連遺伝子と行動の関連解明」という研究テーマにとりくんでいます。具体的には，ドーパミンやセロトニンといった脳に分布する神経伝達物質の受容体をコードする遺伝子の塩基配列の違い（多型といいます）が，好奇心や攻撃性などの行動に影響を与えるかを調べています。今までのところ，フクロウやニワトリでは神経伝達関連遺伝子の多型が検出されていますが，残念ながらオニオオハシでは見つかっていません。15羽のオニオオハシはそれぞれ性格が異なっていて，臆病な個体，

好奇心旺盛な個体などさまざまです。いつの日か，オオハシやその他の鳥類の個体レベルでの行動の相違を，遺伝子の多型で明らかにしたいという思いで実験に励んでいます。

阿部秀明 Hideaki Abe

京都大学野生動物研究センター人類進化科学研究部門・教務補佐員。埼玉県生まれ。2012年，京都大学理学博士。獣医師。神戸花鳥園に勤務しながら，2009年度より京都大学野生動物研究センターに在籍し，多忙な日々を送っている。飼育下の鳥類全般を対象に，神経伝達関連遺伝子の多型と行動との関連解明を目指している。ゲノミックな側面だけでなく，鳥類の繁殖技術や希少種の保護等にも興味がある。

索引

[あ行]

アオウキクサ 152, 153
亜種 191
アフリカ 13-15, 18, 19-23, 184
泡巣 67-72, 75, 78
安定同位体 2-7, 11
異花柱性 85, 86
板状動物 45, 46
遺伝子改変マウス 155-158
遺伝子重複 31, 44, 201, 202
遺伝子退化 204
遺伝子調節ネットワーク 31, 33, 34
遺伝子発現 33, 137, 149, 207
遺伝子発現調節 42-46
遺伝的多様性 88, 90, 91, 97, 109
遺伝マーカー 96, 114
イヌ 39, 200, 202, 207
イボウキクサ 152, 153
イルカ 178, 179, 181-183, 186, 188, 200, 202-204
隠蔽 183 →捕食者回避
歌 84, 189, 191-195
ATP 119-121, 125, 128, 129, 147-150
液胞 60
NADPH 119-121, 126, 129
襟細胞 40
エリシター 215, 221
遠赤色光 132-134
音声 187, 189, 191-193, 209
　　――コミュニケーション 184, 186
概日時計 143-145, 147, 149-151, 153
概日リズム 144, 145
海綿動物 40, 43-46, 101, 108

[か行]

Kai タンパク質 146-150

香り 82, 178, 210, 212, 213, 216, 217, 219, 220, 222-228
　　植物の―― 209-212, 214, 215, 223, 224
　　みどりの―― 212, 214
核 37, 42, 52, 89, 96, 137
化石 2, 13-22, 24, 204
カタユウレイボヤ（*Ciona intestinalis*） 27-29, 34
感覚センサー 197, 198, 203, 207
寄生蜂 217, 218, 219
揮発性物質 203, 212, 220, 221
嗅覚受容体遺伝子 200-206
旧世界ザル 20-22, 201
9 + 2 構造 73
共生体のゲノム 55, 56
共通祖先 13, 14, 26, 28, 39, 202, 205
菌類 37-39, 43, 45, 144
クジラ 179, 180, 203, 204
クリックス 179, 183
クローン成長 113, 115
クロロフィル 123, 133, 134, 140
群体（性） 38, 41, 46, 100
糸状分岐 13
ゲノム 26, 29-33, 35, 37, 100, 139, 173, 176, 197, 200, 205, 207
　　――計画 41
　　――の小型化 52-54
　　――（配列）情報 2, 30, 46, 101
　　共生体の―― 55, 56
　　ミトコンドリア―― 122
　　葉緑体―― 122
原核生物 37, 38, 39, 51, 122, 139, 144, 145
原生生物 37, 38, 45, 46
光化学系 I 120, 121
光化学系 II 120, 121

索　引

光合成　48, 81, 118-120, 122-124, 128, 129, 131-134, 140, 145
光周性　144, 151, 152, 153
古細菌　37, 38, 49
コミュニケーション　178, 179, 189, 192, 209, 211, 217, 219, 228
　音声——　184, 186
　植物と昆虫の——　209
ゴリラ　13, 14, 17, 18, 20, 189
コロブス　14, 21, 22, 23
コンロンソウ　115

[さ行]

サイクリック電子伝達　120-123, 125-129
再生　66, 100-105, 107, 108
細胞間シグナル伝達　42, 43, 45
細胞間接着　42, 43, 46
細胞小器官　37
細胞内共生体　2, 48-50, 52, 54-56
三者系　217, 220
シアノバクテリア　122, 139, 140, 144-146, 148-150
C_4光合成　128, 129
Gタンパク質共役型受容体（GPCR）　154, 155, 173
視覚　118, 132-135, 154, 155, 159-162, 164, 173, 197-204
自家受粉　84-87
色覚　118, 133, 135, 156, 164, 167, 171, 201, 202
軸糸　73-78
シクリッド　173, 175, 176
視細胞　154, 156-159, 161
シダ植物　88-92, 94-96, 98
刺胞動物　43, 45, 46, 101, 108
シャチ　183, 184
種　8, 13, 19, 48, 90, 100, 153, 173, 175, 191, 207
　——分化　159, 157
ショウジョウバエ　43, 45, 106, 108
小胞体　37
縄文時代　5, 10
食肉類　164

植物と昆虫のコミュニケーション　209
植物の香り　209-212, 214, 215, 223, 224
植物ホルモン　138, 139, 212, 213, 221
シロイヌナズナ　60, 61, 123, 125-128, 132, 151
進化　16, 24, 27, 37-39, 55-58, 82, 90, 100, 176, 195, 197, 201, 210
　——系統樹　183, 184
　——の袋小路　88
真核生物　2, 30, 37-40, 42, 45, 48-51, 145
人骨　3, 4-11
真正細菌　37, 38, 40
数理モデル, 55, 57
性　80, 84, 88
　——差　191, 192
　——発現　52, 54
　——フェロモン　225
　——別　3, 11
生活史　52, 112, 152
精子の運動　67, 69, 70, 76
青色光　132, 134, 138, 139
生物時計　143, 144, 147, 150
脊索動物　26-28, 31, 43, 45
赤色光　132-134, 136, 138
遠——　132-134
セロトニン　233
全能性幹細胞　104, 106, 109
送粉者　82-84, 86
送粉シンドローム　82

[た行]

大地溝帯　13, 15, 16
ダイニン　73, 74, 76
多細胞化　37-42, 45-47, 49
多細胞生物　38, 39, 42, 43
立襟鞭毛虫　37, 39-45, 46
多年草　112
単細胞生物　38, 39, 40
短日植物　131, 151, 153
地下茎　113, 114, 115
窒素　3-8, 145, 224
中新世　13-15, 19, 20

長日植物　131, 151, 153
チンパンジー　13, 17, 18, 173, 174, 189, 190, 201, 202, 204-206
テッポウエビ　183
テルペン　212, 214
転写因子　137
天　敵　84, 87, 164, 178, 210, 211, 216, 217, 219-221, 226, 227
ドーパミン　233
時計遺伝子　144
突然変異　83, 124, 125, 129

[な行]

ナカリ　14, 15, 21, 22, 23
ナショナルバイオリソースプロジェクト　28, 29, 35
ニホンザル　165, 167, 173, 174, 191, 196
粘性環境　67, 70
脳　102, 154, 159, 161, 167, 233

[は行]

バーストパルス　179, 184, 186
倍数性　95
避陰応答　134, 135
光受容体　132-135, 137, 138, 140, 151, 173, 175
光阻害　124, 126, 128
尾索動物　26, 27, 31, 100, 101
非視覚の光受容　155, 159, 160
微小管　73, 74, 75, 76, 78
フィトクロム　131-140
プラナリア　66, 100-108, 110
分解　51
分子系統解析　40, 94, 190
分子系統樹　38, 42-44, 93, 94
分類学　41, 90
ヘビ　164-171
変異体　53, 60, 61, 128, 136

ホイッスル　180-184, 186-188
捕食者回避　183
保全　196
ボチョウジ属　85, 86
ホヤ　25-35
ホルモン　43, 173, 212

[ま行]

マレーホウビシダ　91-98
味覚受容体　204, 206
ミトコンドリア　37, 48-52, 55, 57, 58, 122
──ゲノム　122
みどりの香り　212, 214
無性生殖　88, 89, 98, 100-104, 108-110
無配生殖　88-91, 94-98
明反応　119, 129
猛禽類　164
モノシガ・オバータ（*Monosiga ovata*）　40, 41, 44-47
モノシガ・ブレビコリス（*Monosiga brevicollis*）　41, 45
モリアオガエル　67-70, 72, 74-78

[や行]

有性生殖　54, 83, 84, 87-91, 94-98, 100, 106, 108-110
葉緑体ゲノム　122

[ら行]

両性花　81
鱗茎　112, 113
類人猿　13-15, 17-21, 23, 189, 191, 201
霊長類　13, 17, 19, 20, 22, 164, 191, 192, 200-204, 206, 207
レトロマー　60, 61
ロドプシン類　154-162

[監修]

阿形清和 京都大学大学院理学研究科生物物理学教室分子発生学研究室・教授
森　哲 京都大学大学院理学研究科動物学教室動物行動学研究室・准教授

[編]

井上　敬 京都大学大学院理学研究科植物学教室形態統御学研究室・講師
高井正成 京都大学霊長類研究所進化系統研究部門系統発生分野・教授
高林純示 京都大学生態学研究センター陸域生物相互作用分野・教授
船山典子 京都大学大学院理学研究科生物物理学教室分子発生学研究室・准教授
村山美穂 京都大学野生動物研究センター人類進化科学研究部門・教授

生き物たちのつづれ織り ［上］
―― 多様性と普遍性が彩る生物模様 ――

2012年8月25日　初版第一刷発行

監　修　　阿　形　清　和
　　　　　森　　　　　哲
発行者　　檜　山　爲　次　郎
発行所　　京都大学学術出版会
　　　　　京都市左京区吉田近衛町69
　　　　　京都大学吉田南構内（606-8315）

電　話　075-761-6182
ＦＡＸ　075-761-6190
振　替　01000-8-64677

印刷・製本　　亜細亜印刷株式会社

ISBN978-4-87698-242-4　　©K. Agata & A. Mori et al. 2012
Printed in Japan　　定価はカバーに表示してあります

本書のコピー，スキャン，デジタル化等の無断複製は著作権法上での例外を除き禁じられています。本書を代行業者等の第三者に依頼してスキャンやデジタル化することは，たとえ個人や家庭内での利用でも著作権法違反です。